U0295780

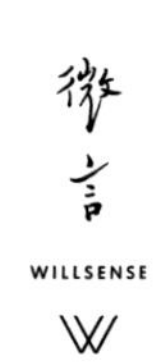
微言
WILLSENSE

园境

明代十一佳园

王丽方 著

上海三联书店

序言

明代园林成就璀璨，在山川大地营造的园林曾经生机勃勃，却又很快消逝于历史的风烟之中。如今我们已难以窥见其真容。

本研究首次将一大批明代优秀园林的场景样貌集中地“再现”出来，就像我们进入明代园记的山野中挖掘、采撷一番，捧出各种奇花异果，供大家鉴赏。本书是明代园境三本书中的第二本《园境：明代十一佳园》，介绍了明代十一座出色的园林。三本书共涉及明代38座园林。第一本《园境：明代五十佳境》分析介绍了23座园林中50处较为出色的园境。第二本《园境：明代十一佳园》和第三本《园境：明代四大胜园》介绍的是优秀的园林整体。

正如第一本书序言所说，明代园境研究是作者“自然建筑学”研究的构成部分，工作室对宋代景观的研究同时也在探索推进。应该如何认识、如何品评这些古代园境或景观？明代园林不能限于用研究清代的认识，宋代景观也不能限于用研究明代的认识。必须将各案例的特征、意义提取出来，加以分析表述，由此认识不同案例。

更重要的是，应该从案例的分析中得出新的视角，丰富我们的眼光，丰富自然建筑学的价值框架，丰富对中国古代园林景观的认识。第一本书的一些新视角用于对清代园林案例比较，就得出了过去研究所没有的认知。这是我们真正的目标，需要更艰苦的探索性思考。

第二本书的11个完整的园林案例，应该更加深入地去认识品评，它们有怎样的设计特点，给我们有怎样的启发，以及可以获得怎样的视角眼光。一篇一篇地重写其中的总体分析，要比我们预想的更难，比计划的时间更长。独自深入明代园记和园林研究十多年，我们将得出的认识呈现于书中，希望与同好、同道交流探讨。

本书中的11座园林，选例不论园的大小，不论华丽或是素简，也不论在明代是否传扬很广。11位园主在当时的地位有高有低，在后世名声有大有小，在文坛或艺术界也有显有隐。本书的选例注重园境营造的艺术水平、创作的独特性以及对今天园林设计的启发性。

明代文人的园记，记述方式有很多不同。从园境案例研究的视角来选，则可以看到，有些议论过多，有些又过于散漫，有些过于干枯，有些又过于虚渺，而能支撑较为完整的园林重构的园记，数量十分有限。那种文字描述有形有势，园林处处美妙动人，读起来好像身临其境，从专业上看，所描摹的园林又非常优秀，这样的园记真是难得。但是，我们居然还能选到11个案例之多。展开一看，这11个园林各具特色，好像在争奇斗艳。每个案例都弥足珍贵，大体上能反映出明代高水平园林丰富个性的面貌。

与第一本书介绍园林的局部不同，本书相对完整地介绍全园。介绍分析的内容多层叠加，既有园境，又有园境组，还有园境各组的相互关照影响，更有园的整体格局和游线的设想。从阅读上来说，如果只选读园境，那么可以快读。如果要读整体园林，由于书的图文表达相对比较复杂，则更适宜慢读。

为了方便读者阅读，我们在每一园的开始，概要性地介绍了该园的概况与特征，并设置了园的导览总图，给出园的整体印象。各园园境的介绍与分析紧随其后，是书中篇幅最大的部分，可以与总图对照阅读。最后是园的总体分析。读者阅读，宜先有“上帝视角”，看园的整体格局，看游线的组织设计与园境的分布；再有“游人视角”，身临其境地想象具体场景和游走时的串接转换；最后回到园的总体，进行更为系统深入地回顾与总结。

11座园林，有的园小而简明，形与势都很鲜明；有的园非常复杂，“携带的”信息极为丰富。11篇总体分析，力图拉远距离去认识全园，力图探索独特的视角去看园的特点。这些总体分析获得了如“旁观与中心观”“境的生长”这样的新视角。与第一本书一样，书中的“专论”单独成篇。为保持连贯性，各园的总体分析中有趣的讨论，没有单独成篇，而在最后各园的回顾中以“议论”与“专论”并行列出。

园林整体虽然复杂，但是静心慢读、品味思考，会心就在不远处。

二〇二四年八月于北京清华园

目 录

第四园·澹圃 / 109

第五园·篔筜谷 / 139

第六园·西佘山居 / 157

第七园·吴氏园池 / 191

第八园·熙园 / 223

寓山园

园境·明代十一佳园 | 第一园

丹流翠壑　高下分胜　幽敞各极其致　观、游、居佳境叠出

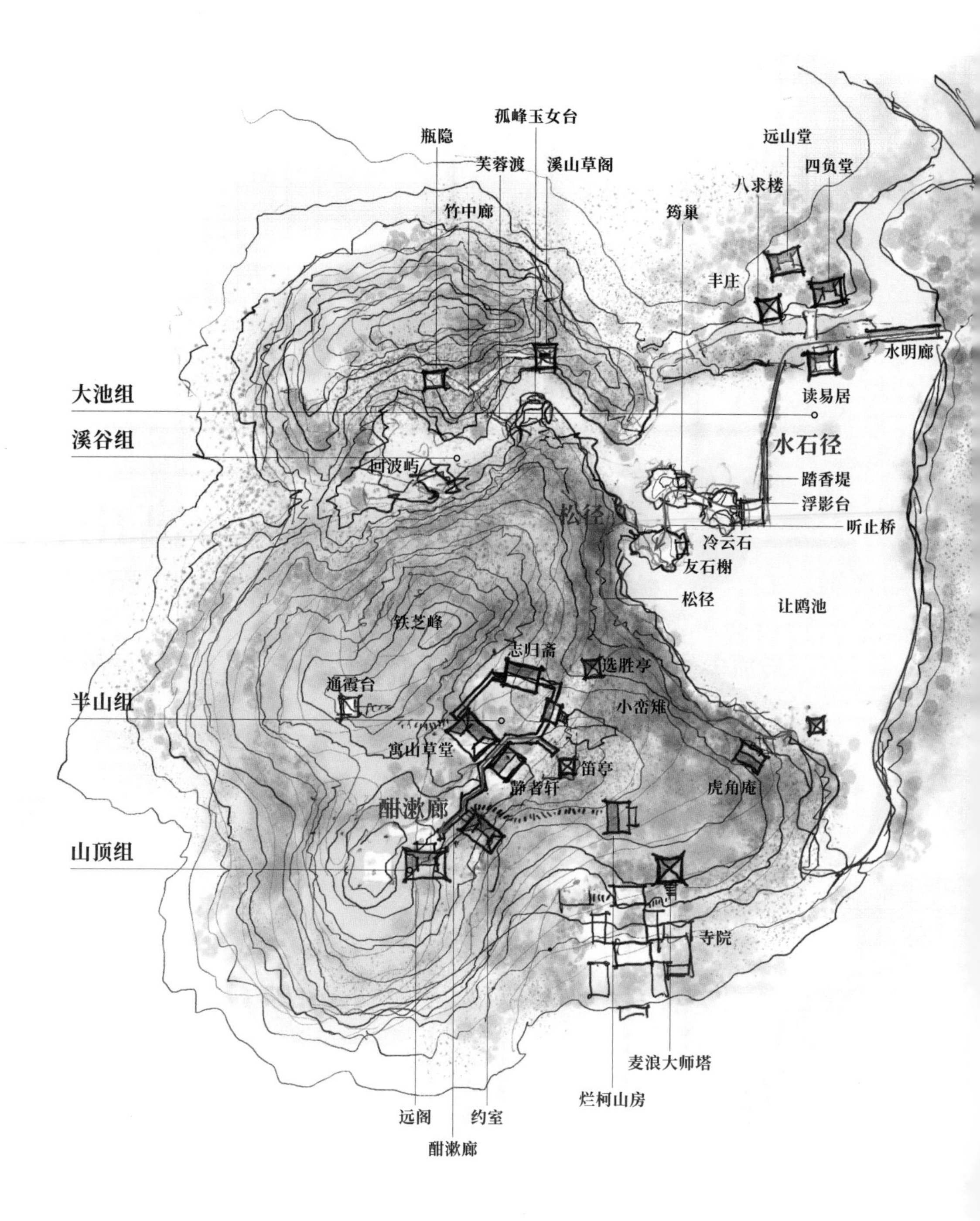

寓山园导览示意图

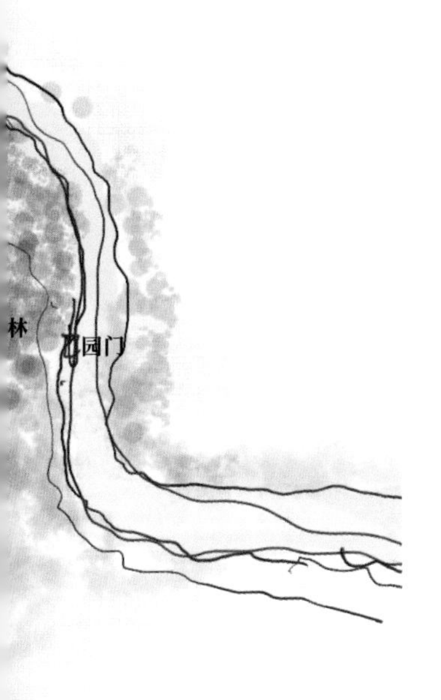

寓山园园空间整体相当复杂，我们在总导览图中标出了本文要介绍的重要园境的位置。读者可先看导览图，建立一个所谓的“上帝视角”。然后再读各个园境，进入“游人视角”加以感受。

寓山园整体上可分为水边区和山上区，水边区又可分为大池组和溪谷组，山上区又可分为半山组和山顶组。

园中有三条主要路径，它们各具特色：一、水石径，从水明廊起穿水面到友石榭；二、松径，穿行在山麓松林间，去往半山；三、酣漱廊，从半山起始，跨越崎岖山石而上，山廊连接半山组和山顶组。

寓山园的主要园境，在大池组为：青林、水明廊、读易居、踏香堤、浮影台、听止桥和三巨石；在溪谷组为：溪山草阁、瓶隐和芙蓉渡；半山组为宅居区，有选胜亭、小峦雉、志归斋、寓山草堂、通霞台等园境；在山顶组为：静者轩、约室、烂柯山房和远阁。

前山的大池组是寓山园最重要的园境创作手笔。后山的溪谷组松散布置于竹林水石之间，幽静而略带野趣。山顶组高低错致勾连，分获美景，是高望胜地。

寓山园｜园的故事

寓山园所在的绍兴府，位于浙江省中北部、杭州湾南岸，自古以来，有会稽、山阴、越州的别称。

绍兴一带，景色优美。《世说新语》中记王子敬所说的“从山阴道上行，山川自相映发，使人应接不暇”，就是指绍兴（山阴）一带的景色。明代园记中常见“如行山阴道上”的形容，成为一种美景的典故。山阴道两旁，山水林田分布得恰好，山水好像互相映带陪衬。人行走其间，新的景象不断，目不暇接。

还有两个景观典故出自王羲之《兰亭集序》中所描述的山水环境与人物风流，“此地有崇山峻岭，茂林修竹”经常为后世文人引用。而文人在弯曲的溪水边唱酬赋诗，也成为古代曲水流觞最为典型生动的描述之一。

寓山在绍兴城西南25里处，靠近柯山。可惜寓山现已不存，其具体位置应在今绍兴市柯岩风景区内。

柯山原为古代的采石场，山不高而挺秀，下有柯水映带，古代采石将山形切削得陡峻，形象奇绝。其中，云骨和石佛岩最为出奇。云骨是脱离山体的一座孤石，高数十米，拔地而起，上粗下细，与山体对峙。云骨所对的山体石壁上，凿有弥勒佛像，据说是隋代凿成的，绝壁竦立，突兀奇特，势若霞褰，成为一绝。柯山的奇绝景象保留至今。

寓山在柯山东面，与之非常接近。推测两山应该是同类地质情况，只是寓山很小，山体石块不似柯山完整巨大，而是相对散碎。山峰不算高，谷亦不深，不像柯山有势。石山上各处覆盖厚薄不均的土层，植被赖以生长。内在的石体常常冒出土层而成为石崖、石峰、孤石。祁彪佳的叔父祁承勋的《寓山述》中记载，将石骨剔除泥沙，"崚崚之石出焉，终而满山皆古石"。寓山东坡连着的大石块，突兀在山脚平地，成为独立的巨石。山东边不远处有小河，向东连接园主家宅。寓山园在西坡的半山建了一处"通霞台"面对柯山。《寓山注》记："'柯山'之胜，以此甲于越中，今尽以供此台之眺听。"

寓山园的研究资料主要是园主祁彪佳的园记《寓山注》，这是我们研究明代园境的三篇长园记之一。另外两篇，一是本书案例中王世贞的《弇山园记》，二是邹迪光的《愚公谷乘》(《园境：明代四大胜园》中会介绍)。《寓山注》记录了园主自己在造园中的各种思考，以及园中各处的形态和效果。明代文人王思任《游寓园记》一文，也是重要的研究文献，对于全园格局方位和空间关系有凝练而准确的记述。另有祁彪佳日记，其中记载，张南垣之子张轶凡对寓山造园也有较多参与。

园主祁彪佳，字弘吉，号世培，别号远山堂主人，明代名臣、藏书家、戏曲理论家。浙江绍兴人，天启二年（1622）的进士，官至右佥都御史。后家居九年，又于崇祯末年复官。清兵入关后，任苏松巡抚都御史，力主抗清。清兵相继攻占南京、杭州后，祁彪佳先绝食，后自沉殉明。

祁彪佳之父为著名的藏书家祁承㸁，父子二人在绍兴的"澹生堂藏书楼"名满一方。祁承㸁订有《澹生堂藏书约》，编有《澹生堂藏书目》14卷，收了9000多种，10万余卷书，在目录学史上很有影响。崇祯十二年（1639）祁彪佳在寓山园中建了一座“八求楼”，藏书3万余卷，以收藏戏剧文献为特色。祁彪佳著有《远山堂曲品》《远山堂剧品》等戏曲评论书籍，收录明代曲品、剧品总计737种，其中376种为其他剧目书中未见记载的。剧品所录明代作家杂剧，分为妙、雅、逸、艳、能、具六个品，各加评价，另收藏杂调一类，收弋阳诸腔剧目46种，非常宝贵。

园主在园记中说：我家这个地方就是所谓的山阴道。贺知章辞官返乡的时候，唐玄宗赐他镜湖剡川一带，供他养老。唐代的方干，在镜湖的西岛养老。古代这些传为美谈的地方就在我家周边，我可以随意享受。家旁边不远处有一座小山，和我家好像有缘，便取名为寓山。我小时候，两位兄长用不多的粮食换来这座山。兄长开始整饬山林，剔石除草，栽种很多松树，我则跟在后面玩土抓沙。现在20年过去了，松树已经长成了大片松林。可是我的一个兄长已经舍家到寺院做了和尚，还有一个自己建了柯园养老。

寓山南坡舍给寺院，建有一座“麦浪大师塔”，其余三面松竹乱长，没有人打理。我自从身体不好就辞官回来，有一次偶然路过小时候玩的地方，很有感触，就想要在这山中建一点建筑，刚开始只是想在山中松林之间建一座三五开间的小建筑就满足了。我的朋友们来看我建山房，指指点点，说这个地方建一座亭子不错，那个地方可以建一条廊子。我初听不以为然，但是徘徊琢磨，觉得他们说得很有道理。越想越妙，所以前面的工程还没有完，心头就开始谋划后面，要规划，要扩大。由于每天按捺不住地想，我晚上做梦都会梦见。

园主想象将来这里的景象，会像天开的境地，非常奇妙，于是着迷于营造园境。他每天早出晚归，家事都是用晚上零碎的时间点灯来处理。早上一见天微微亮，他马上就叫家里的用人把船撑出来，赶快去寓山。三里地的距离，他恨不得几步就跨到。寒来暑往，每天虽然汗流浃背，但他并不以为苦。即便遇到大风雨，也不能阻挡他，每天一定要去。晚上回来，他盘点家里的财产，发现越用越少。园主觉得很有点儿沮丧。但是一到了山里，开始琢磨这些建筑，他就改了态度：这个地方还要买什么石头，那个地方要买什么材料，只嫌买得不够多，不够好。建了两年，他便囊中如洗，自己的身体时而生病，时而痊愈，痊愈了以后又生病。他说自己成了一个造园的痴子了。

这就是祁彪佳自己记述的寓山园造园的故事。园成之后，游人如织。据祁彪佳的叔叔祁承勋《寓山述》记载："园成于冬。次年春节，游人日以千计，有辞之而不能者。"

寓山园 | 青林 水明廊

自泛舟及園，以爲水之事盡；迨循廊而西，曲沼澄泓，繞出青林之下，主與客似從琉璃國來。須眉皆浣，衣袖皆濕。

——祁彪佳《寓山注》

青林 水明廊

乘小船沿着河渠来到园门之前，看看以为水路已经到头了。岸上是树林，林青翠，荫满地。沿着小路向西，池水弯曲绕出青林，一条长廊跨池水。从林荫中向廊子前方看过去，跨水一段特别明亮通透，主人客人走在那边的廊桥里，就像是在水晶国中行走，人的眉毛衣衫都好像被水洗过一样的鲜明润泽。传说中的琉璃国大概就是这个样子。那条长廊叫“水明廊”。

[1]

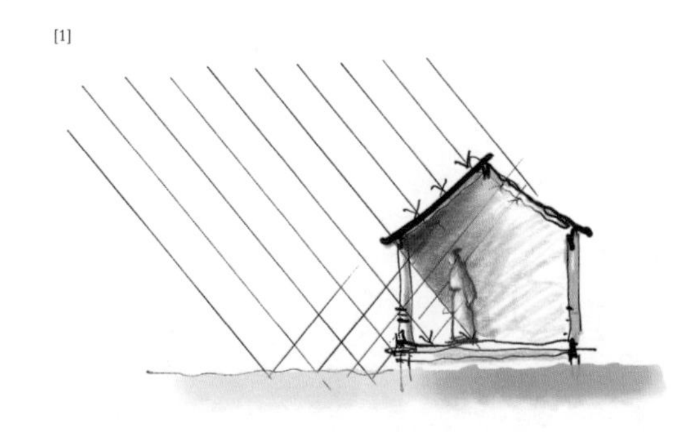

水明廊场景示意图

形的条件： 水面绕林荫。

形的设计：

1. 路径先穿青林，长廊后跨湖水。

优点：幽暗和明亮两个不同的环境用一条园路串起。晦与明互为陪衬。先穿青林，路径幽暗围蔽，映衬了跨水廊桥的明亮。

2. 长廊跨水向西，南侧临大池。

优点：南面的阳光被高处屋顶遮挡不能直入长廊，但阳光在水面反射成晃动的波光，从低处照入长廊。[1] 原本在屋顶暗影中的天花板变得通亮，人物也在明晃晃的水面反光中显得光亮通透，如在水晶世界。

寓山园 | 读易居

「寓園」佳處首稱石，不盡於石也。自貯之以水，頑者始靈，而水石含漱之狀，惟「讀易居」得縱觀之。「居」臨曲沼，東偏與「四負堂」相左右，俯仰清流，意深魚鳥，及於匝岸燃燈，倒影相媚，絲竹之響，卷雪回波，覺此景恍來天上。

——祁彪佳《寓山注》

读易居

寓山园最出色的是山石，自从在山下注水成湖，山和美石便得到灵气。园中要说水石含漱之趣，从读易居赏看最美。

读易居建在大池岸边，紧临湖水，东面与另一座建筑四负堂形成一组。读易居的窗牖开敞，窗前俯瞰，水泉清澈，远看则池面舒畅开阔，鱼鸟相戏。

傍晚，沿着湖边点一些灯火，从读易居看，倒影妩媚，随着丝竹声倒影中湖面微波纷至沓来，疑在天上。园主常常在此居中研读《易经》，借湖边美景消解烦闷。

读易居场景示意图

形的条件： 山前池，池中美石。

形的设计：

1. 选位于湖边观水石最佳处。

优点：佳景终日可赏。

2. 建筑贴近水面，开向水面，附近有四负堂。

优点：近处丰富，俯可观水中鱼，仰可望空中鸟，附近有堂可依，娱游往来。

3. 夜晚池上观灯，吹箫弹筝，微风卷细浪。

优点：所观，所听，所感，不似人间。

寓山园｜踏香堤

出「讀易居」，廊盡而見幌。……望「踏香堤」，如長虹吸海，帶萬縷赤霞，與波明滅。……園之內堤，爲「踏香」。「踏香堤」者，「呼虹幌」所繇以渡「浮影臺」也。兩地交映，横縆如綫，夾道新槐，負日俛仰。春來，士女聯袂踏歌，屐痕輕印青苔，香汗微醺花氣，以方「西子六橋」……

——祁彪佳《寓山注》

踏香堤

出了读易居，沿廊到西边，向西南方向去，有一条堤，叫踏香堤，它一直延伸到水中。堤并不是拦水堤坝，而是穿水的路堤。傍晚，从岸边看踏香堤，如长虹吸海，霞光万缕在水面映射，长堤与波明灭。

踏香堤又细又长，像一条线伸到池水中央的浮影台。堤上种了两列槐树。槐树的树冠，在堤路投下树荫，也在池水中映下倒影。春天，新荷初发，槐树鲜翠。少年、士女们穿着漂亮的衣服，唱着歌，在堤坝上行走，青苔踏上了鞋印，香风在空气中流动。从岸上看去，堤前后都是水面，通透轻灵，真可与西湖的苏堤六桥相媲美。

踏香堤场景示意图

形的条件：大池，中有台。

形的设计：

1. 设长堤连接水中台。

优点：○连接水岸和山径，完成园路。

○成水中一长线景观。

○园路穿水面，美感特殊。

2. 长堤夹道植槐。

优点：○投下浓荫，有明晦反衬，体验愉悦。

○远看，长线成双长线。

○有倒影在池中，虚实成三长线。[1]

○倒影与疏疏新发的荷叶交叠，细看水景丰富。

○从岸边向西南望，踏香堤逆光，如彩虹，在万缕赤霞中，与波明灭。

[1]

寓山园｜浮影台

從「踏香堤」望之，迴然有臺，蓋在水中央也。翠碧澄鮮，空明可溯。每至金蟾蹙浪，丹嶂回青，此臺乍無乍有，上下於烟波雪浪之間，環視千柄芙蓉，又似蓮座莊嚴，爲衆香涌出。

——祁彪佳《寓山注》

浮影台

从踏香堤向水中望去，一座平台孤立于大水中央。水面碧绿澄澈，平台显得平坦空明，诱人前往。当斜阳夕照，水波晃动着耀眼的金光，山变得暗蓝，在烟波雪浪之间，平台沉浮，乍有乍无。台面低平，水波就在平台边沿涌上来又退下去。站在台上环视周边，水上的莲花围绕，好像把它推涌成庄严的莲花座。

《水经注》所写的“回峙相望，孤影若浮”，似乎就是这景象的写照。

形的条件： 水面。

形的设计：

1. 设平台于水中央。优点：看似孤立于水中，景象有奇。

2. 台与水面高度很接近。优点：浮，某种光影下若隐若现，明灭不清。

3. 周边有荷。优点：围合，更突出其存在，突出其孤独。

寓山园｜三巨石 听止桥 友石榭

「三巨石」：有三大石，堅悍而虎踞，似出錦沙村者，可喪人朱門之志。

「松徑」：忽有風謖謖來，皆百尺松，夾雲造壁，此徑一步一顧，「寓園」之最清處也。

——王思任《遊寓園記》

「聽止橋」：登「浮影臺」，巨石面立。褰裳者恐投足無所，忽有長虹横堰波上。自此猿猱相引，曲磴出於石隙，數折乃登「筠巢」「友石榭」從入徑也。穴石之腹以爲橋……每暑月泊舟橋下，颯然凉生，令人膚粟。

「友石榭」：自升降岩阿，以此地爲適中地。丹楹接阜，飛棟陵山。探園之流，曠覽者神情開滌，棲遁者意况幽閑，莫不流連斯榭，感慨興懷。

——祁彪佳《寓山注》

三巨石

寓山的山前大池，水面有三块高大的巨石，坚悍如虎踞，景象奇异诱人。巨石在池中成为一组高峻的岛屿，浮影台就离其中一块巨石的脚下不远。人在浮影台上看，巨石高石壁阻挡，好像再没有路可以走了。左顾右盼之间，突然看到巨石的后边有一座高高的桥，像长虹一样架在水波之上。从巨石旁的石缝中，找到一条狭窄崎岖的登道，游人前后牵引着可以向上攀登。

第一座巨石后面，有曲折的踏步石连往第二座巨石。第二座巨石脚下有两孔泉眼。泉很特别，天旱的时候也不会干，天涝的时候也不往外溢，泉的水质甜美，用来沏茶特别好。水岸的山坡上种了一小片茶园。在第二座巨石的略高处建了“筠巢”，在那里可以休息品茶。

踏香堤 浮影台 三巨石 听止桥 友石榭 场景示意图

听止桥

在第二座巨石的石壁上，凿通了一个石洞。穿过这个洞就是先前在浮影台上看见的那座虹桥，这座虹桥叫“听止桥”。

第三座巨石与第二座巨石脱得比较开，隔着水面。听止桥从第二座巨石的洞口外面跨接到第三座巨石，桥下可以停泊小船。盛夏的月夜，小船停在桥下，竟会飒然生凉。

友石榭

第三座巨石的高处有一座小亭子，朱红的梁栋与飞扬的屋顶，贴建在陡峭的石壁上，小亭叫“友石榭”。自从攀爬大石上上下下之后，这里是最适合驻足的地方，景象幽深而独特。游园的人，或神情开朗地旷揽，或舒适地享受幽闲，都流连于此，不忍离去。

亭不远处隔水而对的，就是“冷云石”，它像一片飞来的云彩横架在第一座巨石的顶上，看似要坠落，却不坠下来。“友石榭”所对的“石”就是这“冷云石”。从友石榭观景，感受最为奇特。

这是寓山前山水石之间的景观。

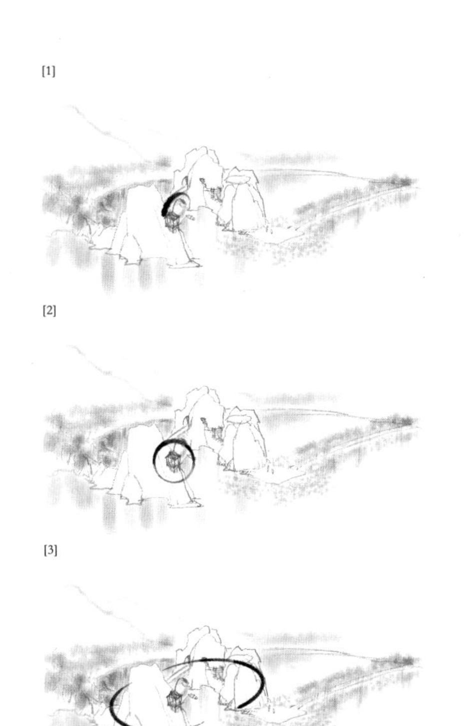

势的要点：（巨石）奇，飞；高旷、深幽。

形的条件： 三巨石。

形的设计：

1. 设大水面浸大石。

优点：奇石的高峻与水面的低平如镜，构成反差的势组，明丽而奇伟。

2. 巨石之间架高桥。[1]

优点：造型获得“飞”势。环境明丽，人行在石间高桥，感觉奇特。

3. 巨石上建高榭。[2]

优点：形奇险，景明丽，人在高榭感觉独特。

4. 三石围合的水面空间，高下建了桥、洞、巢、榭几处小的驻足点。[3]

优点：有内向的空间感，各点上下互望，位置、角度、景象、空间丰富。深幽奇特而明丽之势形成。

寓山园｜松径

園之中，不少矯矯虬枝，然皆偃蹇不受約束，獨此處儼焉成列，如冠劍丈夫，鵠立「通明殿」上。余因之疏開一徑，「友石榭」所繇以達「選勝亭」也。勁風謖謖，入徑者，六月生寒。迎門一松，曲折如舞，共詫五大夫何嫵媚乃爾！

——祁彪佳《寓山注》

松径

第三块巨石后边连到了寓山的山体上。山体与水池相接的这一带山坡，是一大片非常茂盛的松林。山上松树随处都有，各自恣意伸展。唯独这一片松林，它排列整齐如列兵，每一株看起来都雄赳赳的，好像仗剑的武士。山麓的这一片松林，就是园主的兄长们20多年前种下的。

园主从松林中开辟出一条小径，叫“松径”。小径的第一株松树十分高大，而且姿态妩媚，非常少见。这样雄伟的大松，也能有这样柔美的姿态，令人诧异。这株松树就站在巨石旁边。

山风吹过，松径上可以听到飒飒的松风声。即使在六七月浙江夏天最热的时候，松径上也是阴凉的。环境可人，是寓园最清雅处。

寓山园｜溪山草阁 瓶隐 芙蓉渡

「溪山草閣」：水而稍稍透迤，可辟小徑，乃爲修竹踞有之。余除去數十竿，半崖半水，是可以閣矣。豈此地生面將開，杜老夢中告我乎？俯閣而澄潭在目，皎焉衝照。北窗下石林，秋氣冷冷入衣，似宋元人一幅《溪山高隱圖》。

「瓶隱」：昔申徒有涯放曠雲泉，常携一瓶，時躍身入其中，號爲「瓶隱」。余聞而喜之，以爲卧室。室方廣僅丈，擴兩楹以象耳，圓其肩，高出脊上，隱映於花木幽深中，儼然瓶矣。

「芙蓉渡」：自「草閣」達「瓶隱」，有曲廊，俯檻臨流，見奇石兀起，石畔篔簹寒玉，瑟瑟秋聲，小沼澄碧照人，如翠鳥穿弄枝葉上。吾園長於曠，短於幽，得此地一嘯一咏，便可終日。廊及半，東面有小徑，自此而臺、而橋、而嶼、紅英浮漾，綠水斜通，都不是主人會心處，惟是冷香數朵，想象秋江寂寞時，與遠峰寒潭，共作知己，遂以「芙蓉」字吾渡。

——祁彪佳《寓山注》

溪山草阁

这是山后林谷中一处小的半围合的环境，溪水从中穿过。此处溪水在前，断崖在后。崖不是很高，但有直落之势。溪水弯曲处，岸边尽是竹林。溪水的对面，又是竹树和山石。阁下面的溪水跟山前的大池是相连的，山谷弯曲掩映，所以视线不通。园主把溪边原有的竹子去掉一点，在半崖半水处，架构了草阁。俯临潭水澄澈如镜，北窗之下看水中石，清凉明透，盛夏如秋，凉意入人衣怀。

瓶隐

传说有一个神人，游山玩水经常携带一个瓶子，有时候他会跳到瓶子里把自己隐藏起来。寓山的花木幽深当中，园主为自己建一座小小的卧室。房子小得不到10平方米，

溪山草阁场景示意图

山墙圆而高，隐藏在花木繁茂的深处，非常安静。园主有这样一处仅可以藏身的小室，享受自然山中的极小建筑空间。

芙蓉渡

在溪山草阁与瓶隐之间有一条曲廊，这条曲廊沿着溪流而建，人们可以倚靠在栏杆上观看溪流。清澈的溪水流过各色奇石，奇石在阳光下显得五彩斑斓。岸边的竹林绿如寒玉，竹林中一泓小潭清澈见底，一束阳光照下来，水光反射到竹叶中。微风吹过，水波微荡，反光在竹林的枝叶中跳跃闪动，像是竹林中翠鸟在欢快跳跃。

这条曲廊中间有一条小路，从小路去水边，有台，有桥，水面展开，中有小岛。水上红莲漂浮，一条绿水斜通。近处荷花冷香，低头寒潭，抬头远峰，似有秋江落寞之意，这里叫“芙蓉渡”。

这是山溪深处的一组建筑。

竹中廊 芙蓉渡 场景示意图

势的要点： 幽静，凉寒有秋意，有色彩。

形的条件： 山谷，溪湾，崖岸，竹林。

形的设计：

1. 就溪水弯曲处，于崖岸竹间建半阁。

优点：○山水环围而幽静。

○阁高，可俯瞰清溪。[1]

○阁高，视线可越过近树望远峰。[2]

○阁开敞，溪水、奇石、竹林凉气透入阁内而凉，有秋意。[3]

2. 竹水之间建长廊，沿长廊有多点可观。

优点：○阳光下观水中五彩奇石。

○阳光，清风，观水波反光于竹林中跳荡如翠鸟。

3. 水面岛屿处设台设桥，种红莲。

优点：有山，有水，有色，有香，有渡。

[1]

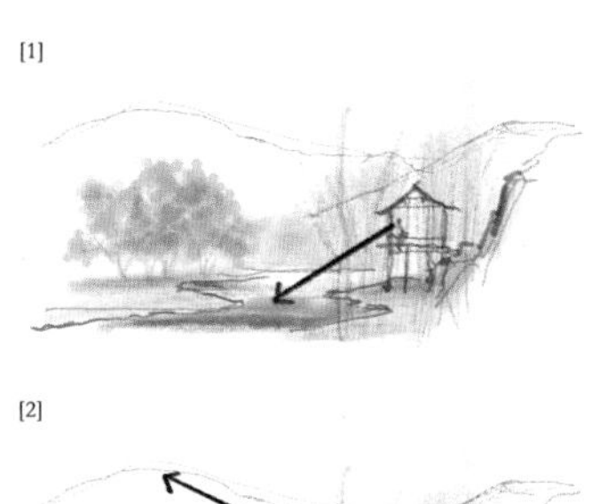

[2]

[3]

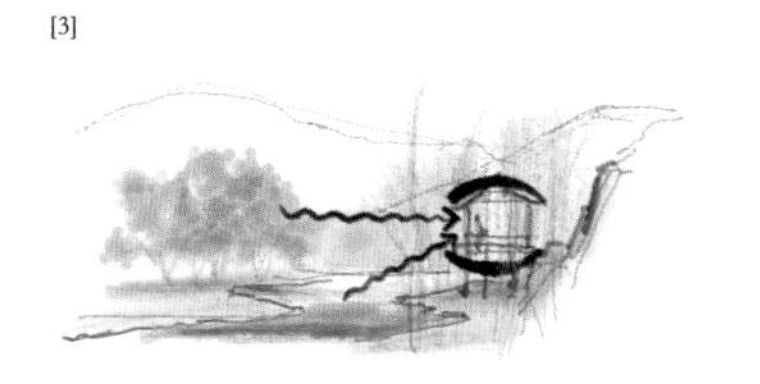

寓山园 | 静者轩 约室 烂柯山房

「静者軒」：與「草堂」若連鷄然，而勢稍南，軒三楹，東户以達「酣漱廊」，其下爲「繫珠庵」，麥大師塔院也。遠岫疏林，若出欄檻下。乃於雨余新霽，則蒼翠之色，迫之而入幾席間矣。向與名僧數輩，一瓢、一團焦，嗒然對坐，或聽唄梵潮生，鐸鈴風動，令人心神俱寂，覺此地人壽之氣居多，故名之以「静」。静固在静者，而不在山，旨哉，王晫長之爲言也。

「約室」：登是室也，横目之所見，爲流、爲峙，無不畢羅於吾前，是取景又何其奢乎？「約」其名而奢其實，予諾愧矣。

「爛柯山房」：自「約室」拾級而下，意以爲穴山之趾，乃至，則三楹仍坐樹杪。主人讀書其中，倦則倚欄四望。凡客至，輒於數里外見之，遣童子出探，良久，一舟猶在中流也。時或高卧，就枕上看日出雲生，吞吐萬狀，昔人所謂卧遊，猶借四壁圖畫，主人似較勝之。

——祁彪佳《寓山注》

这三处园境是山顶组。

从山麓经过松径，踏上曲折的酣漱廊，路过半山的山居，在崎岖的山石间越走越高。有几座观景的建筑：一是静者轩，二是约室，三是烂柯山房。这组建筑高下分布，方位朝向也各不同，酣漱廊和石台阶上下曲折连接。

静者轩

寓山草堂东南有一座轩，两建筑相关联又各成一体，连接形态特异。轩周围树木苍翠，东边的门连通酣漱廊，从东南轩窗下看去，是寓山南坡下的佛寺麦浪大师塔院。远山近林，像从窗户的栏槛下生长出来。雨后初晴，苍翠之色直逼到窗内。室内清简，一

静者轩场景示意图

瓢饮，一团铺，园主常常与一两位高僧打坐，静默无语。

倾听山下塔院僧人念经，风吹过寺院檐角的风铃，令轩内之人心神俱寂。

约室　烂柯山房

约室位于园山上西南而朝向东北，从高处可俯瞰全园景色。那边山石峙立，这边水泉清流，众多妙处都呈现在眼前。园主说，占有如此优胜的景色可以说非常奢侈，未免心中有愧。所以起名“约室”。其实“约”是名，奢侈是实，真是名不副实。园主这样写，故作谦逊，而暗自得意。

烂柯山房周边是杂树林。山房之所在，从寓山外面看它似乎很近，从友石榭转折向

烂柯山房场景示意图

前不远好像就可达。但是真正的路径是从约室高处转折拾级而下才能到达。位置看似浅近，但是空间却幽深。所处好像又很低，而窗景仍然在树梢之上。到底是近是远，是低是高，往往令人迷惑。

烂柯山房在山中的位置奇妙，氛围也独特。园主很喜欢藏在此处，或是读书，或与朋友下棋，倦了就倚窗向外呆望。如果有朋友乘小船来访，好几里之外，园主在烂柯山房早早就望见了。等招呼童子到山下去迎接，七折八转还要等很久才能接回来。直线看似近，实则曲折深远。园主喜欢高卧在烂柯山房中，看着日出云生，吞吐万丈。古人说的“卧游”，不过是在房间四壁挂上山水画。园主说我这里直接卧在山林云霞之间，好像更胜一筹。

寓山园｜远阁

閣以「遠」名，非第因目力所及也，蓋吾閣可以盡越中諸山水，而合越中諸山水不足以盡吾閣，則吾之閣始尊而踞於園之上。閣宜雪、宜月、宜雨。銀海瀾回，玉山高并。澄輝弄景，俄看濯魄冰壺；微雨欲來，共詫空濛山色。此吾閣之勝概也。然而態以遠生，意以遠韵。飛流夾巘，遠則媚景争奇；霞蔚雲蒸，遠則孤標秀出。萬家煙火，以遠故盡入樓臺；千叠溪山，以遠故都歸簾幕……

——祁彪佳《寓山注》

上得「遠閣」，而柱史觴予於此，此則天臺中之瓊臺雙闕矣。山陰接暨陽諸峰，岫筆插筍層，而稽山一帶萬青飛入大海，觀止矣。

——王思任《遊寓園記》

远阁

远阁建在小山顶上，从阁上可以看得非常远。浙江北部各处的山水，都不足以道尽阁上风景，连更远处的海边，从阁中都能看见。在阁楼里看云霞光辉，看月出，看雨看雪，山色空蒙，景色非常美。因为远观，地上的河流显得妩媚，如果有云雾，远观云雾中层层的远山、寺院的塔、远近的灯火，以及再远的西山，好像都进入了楼台之上，都归到窗帘帷幔当中。坐在其中欣赏远景，十分逍遥。

客人王思任来访，祁彪佳就请他在远阁上喝酒。王思任说，这简直就像在天台山中著名的琼台双阙，可以看见山阴各处的山峰、水流、田野、村落，各种绿色延伸到远方，一直到大海。

第二天下雨，祁彪佳留王思任在阁上饮酒。天一直下雨，忽然之间，云破天开，一缕光照在大地上。雨慢慢停了，淡淡的青云和蓝天又呈现出来。主客二人在远阁饮酒，目睹山川经历这样蒙蒙烟雨和光景变化，叹为观止。

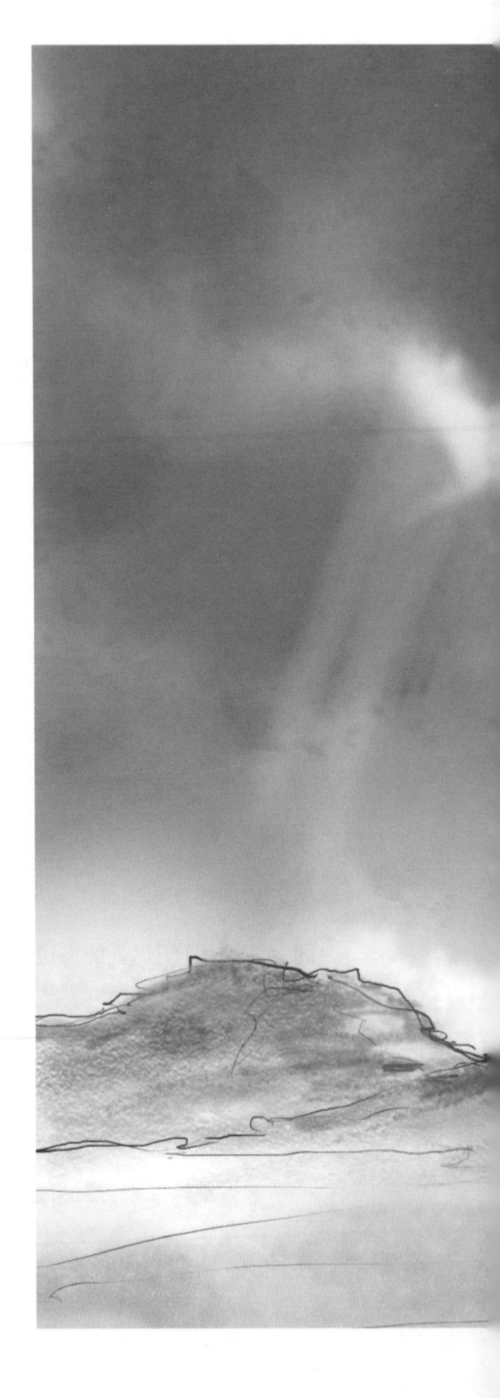

远阁场景示意图

寓山园｜总体分析

园主祁彪佳这篇《寓山注》，篇幅很长，文字充满激情，抒发出各种感想。对园境散点记述，并没有把这些园境相互位置交代得很清楚。而王思任的《游寓园记》篇幅虽然很短，但对园的布局关系给出了概要性记述。经过对两篇园记反复琢磨和参照推测，我们得出全园可能的布局。

一、设计条件

寓山很小，高度可能在二三十米间，处于越中美境。寓山东有小河，西有柯山。

这是明代园境研究自然山园案例中最小的一座真山。参考园记以及现存柯山样貌来判断寓山情况：山内大石挤靠，山石风化较深而破碎。表层有土，厚薄不均。大抵高处石多，林木扶疏；中段土石交错，树林较多；山麓一带，祁家兄弟早年曾经大规模培土种植松树，几十年后形成茂密松林带。山下平地，本来土多石少，但是表层土壤被移到山麓植松，造成近山处低洼，石块凸起。

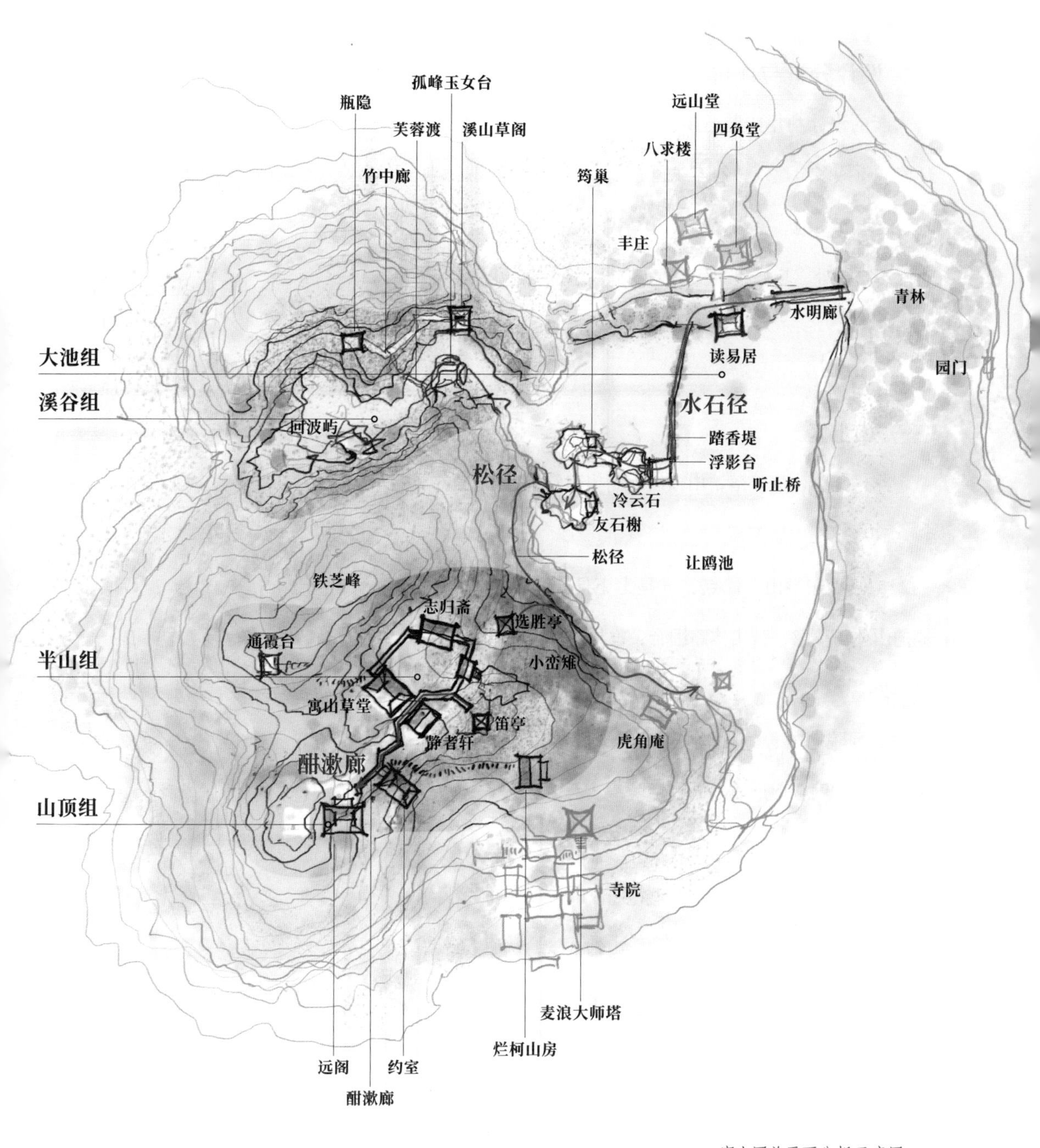

寓山园总平面分析示意图

二、设计分析与评价

园的设计利用山麓、半山、山峰、山间谷地等山势环境并点缀多组建筑，勾连成园的山境，利用山脚下一片平地筑堤、凿池、蓄水，形成山脚下大池小溪。在园池山边水石交错处，巧妙设置廊、亭、堤、榭，将建山园转化为山池园。

（一）山上区

半山组为山居院落，山顶组为高望建筑，各得其所。

在半山建山居院落。

1. 位置在半山。优点：一是上下便捷，二有周边更高的山体可倚靠，被山体略围合，被林木略掩映，有安适之态势。[1]

[1]

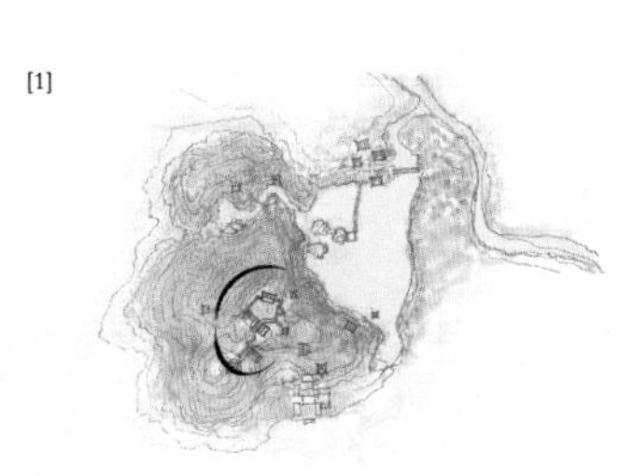

2. 围院向内：轩、堂与连廊构成院落。优势是在山野中进一步围合而形成内向的环境，从而更加强了安稳的居住气氛。[2]

[2]

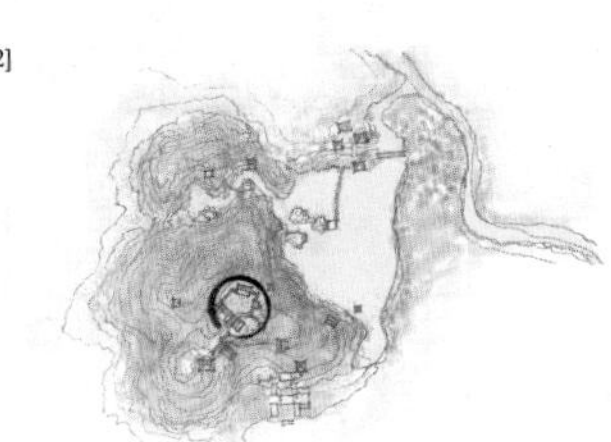

3. 向外观：设计了多处向外观的位置。从静者轩向南看南坡下寺塔，从志归斋向北看山外远景，从通霞台向西看柯山美景。向外观景与向内安适相衬，发挥了山居优势，与城内宅院反差明显。[3]

[3]

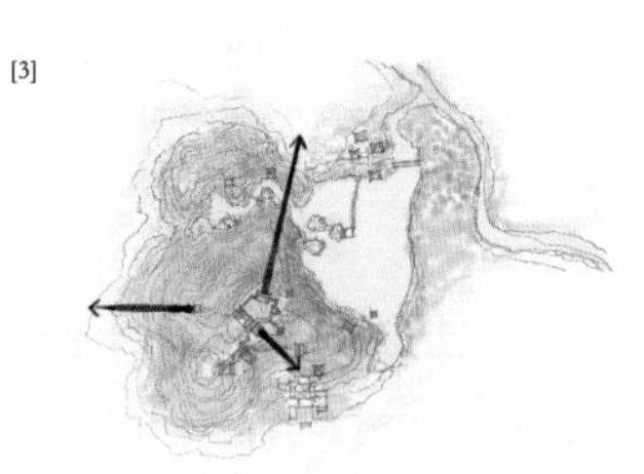

在山顶建高望建筑。选多个位置，做了多个视角。山顶组并不在寓山最高处，而在脱开主峰的次高处。周边

视野开阔。

设计将此处赏景进行了细分，做出了不同的营造。

1. 在开阔高处建远阁，踞山头而更高拔，人高高在阁上，越中山水、高空大地一览无余。“一带万青飞入大海，观止矣。”舒畅至极，是园之大观。[4]

2. 建约室于园西南，凭高俯瞰东北“众妙之所攒也”，全园之山石水泉罗列于眼前，是园之全景观。[5]

3. 建烂柯山房于约室之下，于“树梢”之上。山房开窗向东，对向园主家宅。从房中可以卧看日出云升，也可以平看田舍阡陌舟车。位置半高，在山林围合间，却可远看高望。[6]

酣漱廊曲折斜穿于山石林间，化崎岖为便捷，串接两组建筑。

山上二组的建设条件是：高度不太高，用地不大、不整。建筑小而分设，不求端庄俨然，而求灵活多姿。由于山不大，两组布置得比较紧凑。山上区既有家居的内向安适与便捷，又能得到真山难以描摹的丰富景象与趣味。

[4]

[5]

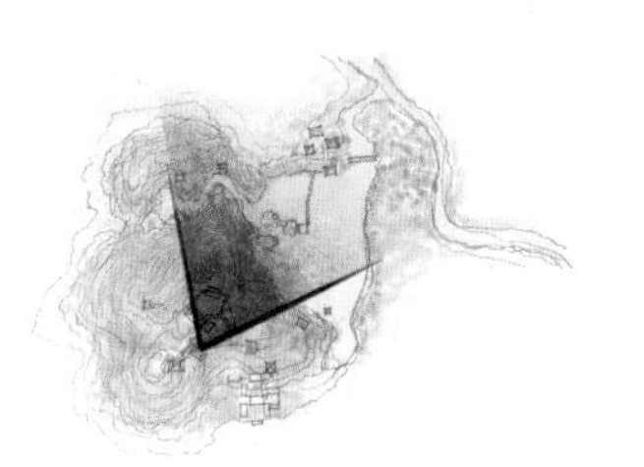

[6]

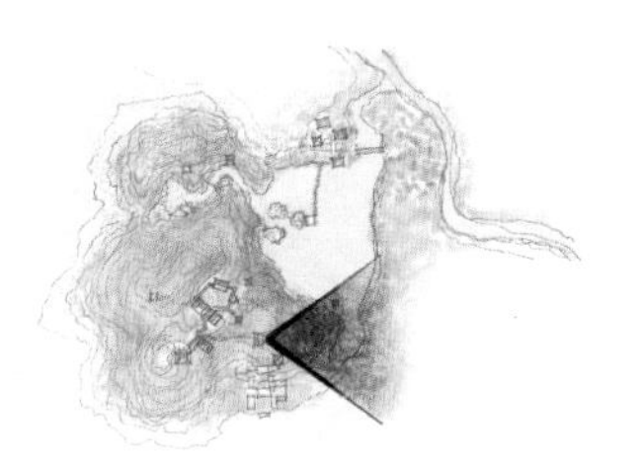

（二）水边区

水边区分为前山大池组和后山溪谷组，塑造开朗和幽静两种不同的水景。

山上区完成之后，园主发现山脚乱石平地作为入园环境太过无趣[7]，于是出了一个奇招：将平地凿石筑坝蓄水成大池，将山体一侧浸于大池中，山水互映之美势大出。[8]于是，在池岸建居，跨水建廊，渡水建踏香堤，水中造浮影台。三巨石于水中耸立如三山，于是凿石洞、架高榭、建虹桥，小径崎岖上下，从三巨石间凌空跨过，再踏上山麓松径。

此奇招在园境上收获巨大，得池区景象惊艳，得水石园路奇绝。山上区的营造对山势审度品味，精心雕琢营造。

如果说山上区的营造是“游击战”，那么大池区的营造则是一击而反败为胜的战略性手笔。山上区可能完全依凭园主个人艺术天赋而建成，大池区则更像是造园高手出招。

园主日记有载，寓山园建设期间数次请过张南垣的儿子张铁凡。这一战略性的大手笔，或与张铁凡有关。抑或是园主建园时已有大悟。明代园境研究中，有两处留有张南垣子侄创作的痕迹。

寓山园之外，另一处是无锡寄畅园秦家第三代对山池的修改整饬，请过张南垣的侄子张轼。那也是非常出色的创作，而且留存至今（见《园境：明代五十佳境》）。从张铁凡和张轼这两个案例揣度张南垣的创作，应该是构思大胆自由，手法自然不着痕迹，深得山水景象之精妙，对园林艺术的造诣深厚。

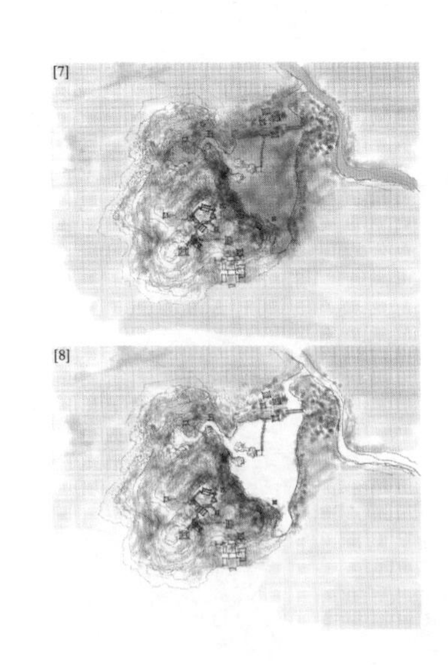

三、园主的思考

园主建园并无完整规划在先，而是因着山中各处的自然势态一点一点加以贴切地设计。像是园主与小山在两年之中日日对谈、揣摩、契合，成为知己，通过营造，将小山的山水之势呈现出来。

园主造园经验：“大抵虚者实之，实者虚之，聚者散之，散者聚之，险者夷之，夷者险之。如名医之治病，攻补互投；如良将之治兵，奇正并用；如名手作画，不使一笔不灵；如名流作文，不使一语不韵。”

在读易居的文字中，园主道出了一些思考：在读易居的傍晚，“匝岸燃灯，倒影相媚，丝竹之响，卷雪回波，觉此景恍来天上。既而主人一切厌离，惟日手《周易》一卷，滴露研珠，聊解动燥尔”。园主说，我虽然在家中一直教读《周易》，但是不明其理。眼前景象变换，好像有一点窥见《周易》之理。自有天地，就有此山。

今日之前，不过是蚁穴土堆；今日之后，园内的楼阁、层轩、岩壑景象怎么能保证长久呢？成毁的规律在天地间难免。唐代李德裕被贬时，居然对他的平泉山居念念不忘，岂不见金谷园和华林园虽盛极一时，哪还存在呢？想到这里，只珍惜当下美景，不求长久。读《周易》，就是体味世事变幻无常。

专论 | 减法造境

寓山园不仅建有亭台廊榭，而且园主有大量心思用于对山的整饬修剔。

王思任说，寓山原本就是一团石头，经过园主满山整饬杂乱、铲蠢剔粗，小山的峰脊、曲壑、平坡都显出“眉目清秀”。山势通灵点活，位置须眉不乱。祁承勋的文字中也记载，经剔除泥沙，终而满山皆古石，小山出落得有形有势。奇峭峻拔的大小石峰崖壁从山中凸起或切下，有平缓宽大的台和滩来衬托，有林竹为衣被。真山形胜的特征被清晰地表达出来，显得与众不同。

真山虽好，有时看去粗陋不佳。加以整饬，铲蠢剔粗，山之真貌便颖现而出。明代宋仪望的北园和祁彪佳的寓山园，都是小尺度的真山经过精心整饬铲剔的案例。宋代也颇有这样的典型案例，宋人认为，是那山遇到了那个对的人。

祁彪佳记在建园过程中，“每至路穷径险，则极虑穷思，形诸梦寐，便有别辟之境地，若为天开，以故兴愈鼓，趣亦愈浓”。

过去我们认识园林，是叠山建造亭台楼阁。如果说那是加法，那么寓山园的做法可说是减法。从案例可见，用减法，或者说是铲剔整饬法，在高水平艺术眼光的引导下，确能“减”出美境来。这是逆向操作的“剔境”手段。对应的加法，或称“塑境”。可类比雕塑的“塑”与“雕”。“剔境”的创作手段，也极有趣味，令创作者沉醉和满足。

“塑境”多从平地起园，是从“无”到“有”;“剔境”常从山地始，是从“有”到“佳”。

这里所谓“无”、“有”、“佳”，指的都是山：是“山之形”和“山之势”。回到出发点，无论加减，园林创作第一要务，就是对山之形、势的相看、想象、构思和操作。用“山”的眼光看园的空间形成，甚至于把亭台楼阁都可以看成是“另类的山”。

吴国伦北园

堑磊野林　慎布奇局　得泉溜洗耳　烟光娱目　放任其间

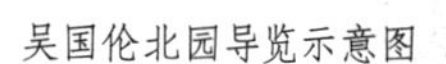
吴国伦北园导览示意图

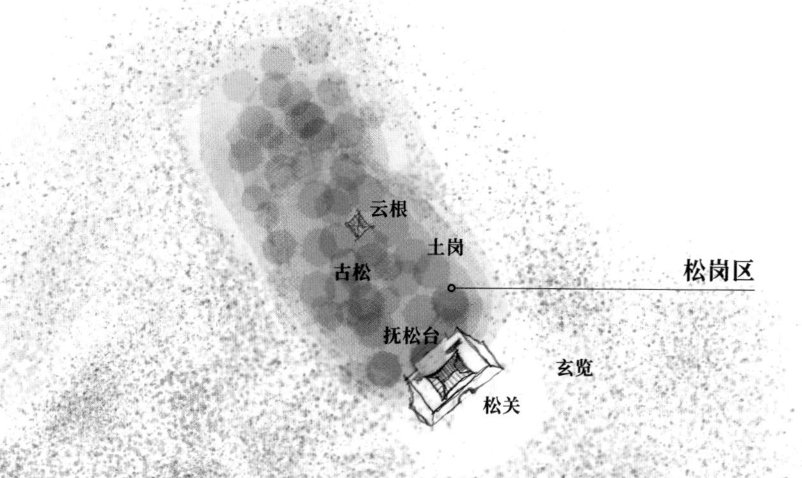
云根
土岗
古松
松岗区
抚松台
玄览
松关

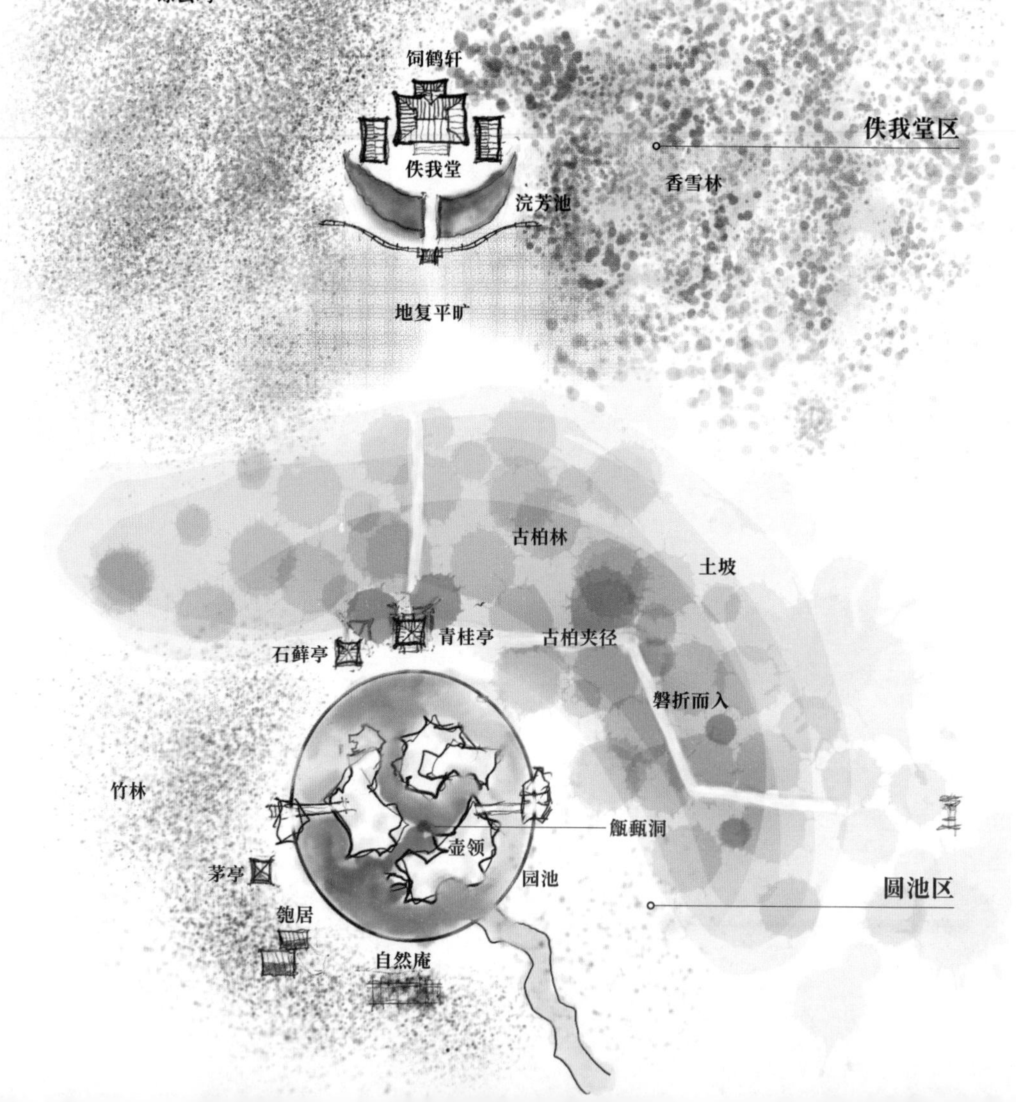
绿云坞
饲鹤轩
佚我堂区
佚我堂
浣芳池
香雪林
地复平旷
古柏林
土坡
青桂亭
古柏夹径
石藓亭
磬折而入
竹林
甗甑洞
壶领
茅亭
园池
圆池区
匏居
自然庵

吴国伦北园是一座浅地形园。选址在郊野沟坎交织的地带，原生的古柏古松成林，还有大片野生梅林、竹林蔓延在沟坎和低平处，夏日浓荫密布。用地的形势既杂乱无序又生机勃勃。北园的营造细品原生环境的形与势，在此基础上整饬植被，加入设计，构成独特的园境。

北园不大，只有前中后三区，前区是圆池区，中区是逸我堂区，后区是松岗区。三区由一条曲折路径串联起来。总平面看起来十分简单，但三区的创作都很独特，至少有两区在明代园境中是独一无二的，表现出其设计思路、艺术品味和手法的与众不同。

北园营造所加入的建筑很少，可是却带入了较多的轴线格局等人工秩序。向杂乱无序中加入人工秩序，有的强势，有的松散。北园既有些秩序，又有倔强和不羁。

吴国伦北园｜园的故事

吴国伦北园是明代中后期武昌府兴国州（今湖北黄石市阳新县）城北的园林。

兴国州地处幕阜山的东北余脉向长江平原的过渡地带，幕阜山在今天的湖北、湖南、江西三省交界处。

兴国州域内有一条大河穿过，州城在大河的下游。大河自幕阜山北麓沿着山脉从西南流向东北，蜿蜒流入长江。这条大河水量充沛，鱼虾富足，滋养了周边的田野，因此得名富水。州城的西、南、北三面有低山丘陵环绕，河湖密集。

从宋代开始到清末，这个地方都以“兴国”为名，但是，为避免与江西省的兴国县混淆，民国初改名为阳新县，直至今天。

北园的园主吴国伦（1524—1593），字明卿，号川楼子、南岳山人，明代武昌府兴国州尊贤坊人，嘉靖二十九年（1550）进士。吴国伦为官正直，面对倭寇进犯，吴国伦身先士卒，率兵抵抗并立功。万历五年（1577）他53岁，被贬官回乡，之后专心于诗文之事。

在京师做官期间，吴国伦与王世贞、李攀龙、谢榛、徐中行、宗臣、梁有誉六人常唱和交游。他们共同与权相严嵩抗争，声望渐起，并称为明代中期文学流派的“后七子”，主盟明代后期文坛。在“后七子”之中，吴国伦最为老寿，他归田长达20年，这让他有足够的时间进行文学创作，声名日重。他又好客轻财，朋友众多，影响文坛时间很长。吴国伦在文学创作上非常勤奋，主要诗文集有《甔甀洞稿》54卷，《甔甀洞续稿》27卷，著作可以与王世贞《弇州山人四部稿》争雄。在“后七子”之中，王世贞与吴国伦相交最久、情谊最深。两人相交40余年，三世通好。吴国伦与王世贞之父王忬为师生关系，感情深厚。师生二人都有着刚正不阿的个性气质。吴国伦因正直得罪严嵩被贬，王忬专门派人给他践行。王忬同样因正直得罪严嵩而下狱获难，吴国伦也极力为之奔走而不避嫌。吴国伦与王忬之子王世贞、王世懋关系甚为亲密，相处如兄弟。《甔甀洞稿》及《甔甀洞续稿》所载吴国伦与王世贞二人往来的诗文书信有近百篇，涉及文学和生活诸事。吴国伦筑北园，王世贞也多方资助。

明代著名医药学家李时珍与吴国伦也是好朋友。吴国伦遭贬返乡时，李时珍赋诗相慰：“白雪诗歌千古调，清溪日醉五湖船。鲈鱼味美秋风起，好约同游访洞天。”

吴国伦回到家乡后，在宅旁边建了一座小小的园林，只有不到一亩大。后来缺钱，他把这个小园卖掉了。此后，吴国伦心里一直不太愉快。他家在城北郊外有一片田地。有一次他出了城往北，跨过高桥，到那个地方去看园丁们种菜，却看见他家田地周边山形地貌很有一些气势。

地的北面是狮子山，山下有一座道观；南面是沧浪湖，再南面是兴国城的北郭；东面的大河就是富水；西面是浅丘陵，叫万松林。向更远处眺望，远山环围，视野有百余里。吴家田地中部有一片池塘，叫小沧浪。池塘不大，只有三亩，但它是一个古池塘，水不会干涸，种菜的园丁就用小沧浪的水来浇菜。地块的东边平整肥沃，是好田，用来种菜。西边地块，沟坎起伏，竹林茂密，树木杂于灌莽之中。此地无法种田，园丁在沟坎之间造了两座土房子居住。吴国伦走进树林土坎，发现这里居然非常清凉。在江西盛夏的酷暑当中，阴凉之处格外可贵。吴国伦因此大为高兴，之后他时常和朋友们来这里，摆下一些吃的喝的，谈天说地，享受这里的清凉。

但是这片野地却没有一个可以休息的地方，有一点遗憾。吴国伦的两个兄长看他这么喜欢园林，却又没有自己的园林，就给他提供一些资助。他的朋友也资助他，帮助他经营他所喜欢的环境。这就是建造北园的开始。吴国伦把小沧浪古塘做了一个堤坝，让水位涨得稍微高一些，再修一条小水渠，引小沧浪的水向西，用来供园子里的水景，此即北园。

园成之后，吴国伦非常骄傲，他说我虽然不是做官的材料，大家为我惋惜，但是我的本性当中对山水的喜好是与生俱来的，造了这个园林真是称我心意。

与王世贞的弇山园一样，吴国伦的北园也成了文人相聚的地方，他常在北园宴请往来的文人。其文集收集的北园的宴饮诗就有50多首，涉及文人众多。这也佐证了明后期文人之间传说的盛况：求名之士，不是东走太仓去求王世贞，就是西走兴国去求吴国伦。（《明史》第287卷："求名之士，不东走太仓，则西走兴国。"）

吴国伦北园｜圆池 壶领

門以内古柏夾徑，磬折而入，建兩小亭，一曰「石蘚」，一曰「青桂」。「石蘚亭」南樹一石，高不盈丈，狀如龍首已，介兩亭間。規池如圜，周岸可二百武，從池中壘石，爲三小山，曲折連亘，具體三十六峰，曰「壺領」，空其中，爲「甗甄洞」，其說在夏革之答湯問，謂壺領在北，甗甄狀其小也。池東西兩岸各爲石嶼，因從嶼架兩木橋跨池，如度飛棧。東嶼南數武，穿渠爲九曲，竇垣而出，可二十余丈，引滄浪水入灌園池，乃受得一艇，環洞之山麓泳焉……

——吴國倫《北園記》

圆池　壶领

此为园前区，重点在圆池与叠山。

北园入门有古柏林夹着一条小径，弯折几下以后就进入园内，这里建有两座小亭，一座叫“石藓亭”，一座叫“青桂亭”。亭的前边是一个圆形的大池塘。池塘的直径差不多有四五十米，接近标准游泳池的长度。圆池有叠石山在当中，池中山分为三小山，共有36峰，组合成总体的形态，池中的三山叫“壶岭”。三组叠石山当中围出来一个空间，像水洞，叫“甗甄洞”。

圆池塘的东边西边都有石头的岛屿，从上面架了木桥，跨过池水连到池中小山的东西两端。人可以过桥，进入池中的三座小山之间。池的东南是一条水渠，小沧浪的水就沿着水渠注入园中的水池。这就是北园的圆形池塘和叠石山。

古柏林 圆池 壶领 场景示意图

诸子百家的《列子·汤问》中有一段传说：大禹治理洪水，迷了路，来到一个国家，这个国家在北海北边的海滨。他不知离中国有几千万里，也不知它的边界到哪里为止。这个国家名叫“终北”。那里没有风霜雨雪，东南西北四个方向都很平坦，周围则有三重山脉围绕。国家的正中有一座山，山形状像壶，叫“壶领”。

山顶上有个洞口，形状像圆环。有水从中间涌出来，这水香甜甘美，胜过甜酒。从这个中心，水源分出四条支流，流到山脚下，然后流经全国。国土没有浸润不到的地方。那地方土气中和，没有疫病。那里的人民心地善良，人性顺其自然，繁衍无数。

日常生活有喜有乐，没有衰老、悲哀和痛苦。那里的风俗喜欢音乐，人们手拉手，轮流唱歌，歌声整天不停。那里没有国君，没有大臣。饥

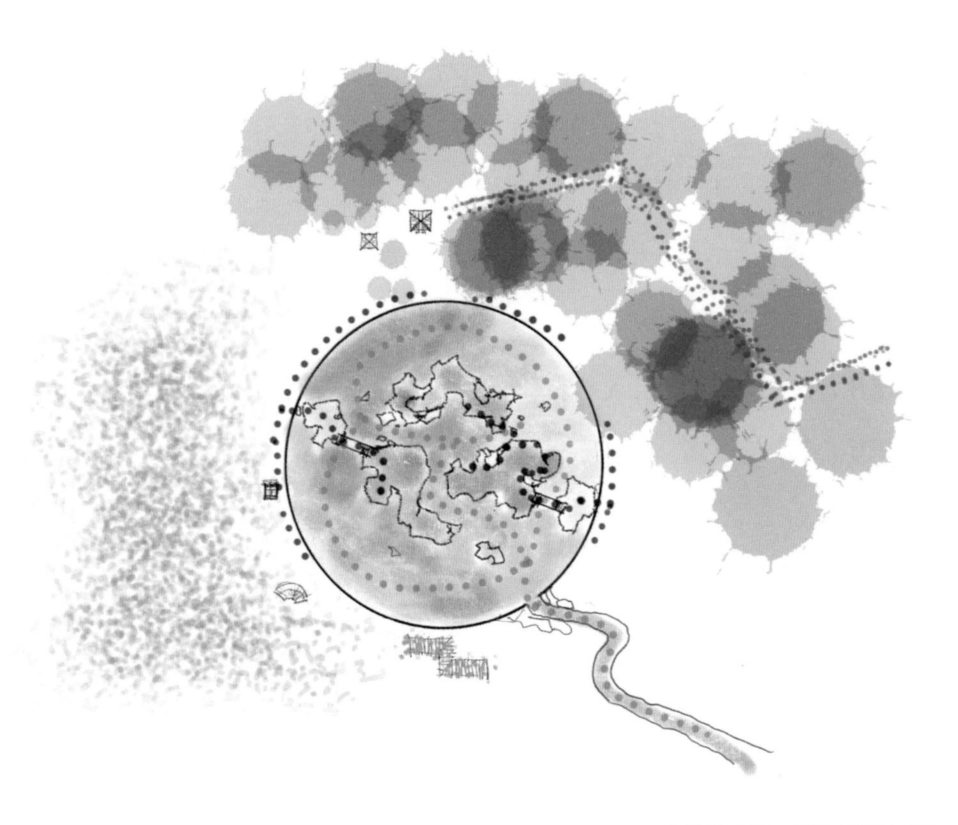

古柏林 圆池 壶领 平面示意图

饿疲倦了就喝神泉的水，用神泉的水沐浴，皮肤柔滑而有光泽。周穆王北游的时候也曾经过那个国家，他三年忘记回家。等回到周国宫殿以后，仍然思慕那个国家，觉得十分失意。

园主即以神话中的壶岭作为造境的蓝本。壶岭当中围着一个水中空间，叫甂瓯洞，甂瓯原意是瓦做的罐子、坛子。

圆池

形的条件： 古柏林、竹林、土坎杂陈。

形的设计： 紧靠古柏林建大圆池。

优点：

○嵌入了“中心”，形成“聚”而有“序”的势。

○古柏林“野”的强势与圆池“规矩”的强势碰在一起，野而有序。

○圆池与方池相比，并不带有对四向方位和轴线左右的强调。

○圆池有古柏林为高耸厚实的屏障，相得而有势。

壶领

形的条件： 圆池。

形的设计： 池内叠三山，三山互相脱开，环为一组，中间是水面空间甗甄洞。

优点：

○三山互相掩映，环池游观，成为变化的山景。

○山为岛山，山形脱开，显得空透有趣。

○山中有水洞，更为灵动多姿。

专论 | 圆池的叠山

一般的方池，或者团形池，叠山在池一侧，堂在池另一侧，隔池看山。叠山造形主要考虑从堂观山的正面构图，似乎成了一幅有纵深的立体山水画。因而山形好坏的评价比较简单。[1]

明代方池案例比较多，圆池，在园记中我们只见到吴国伦北园中这单个案例。北园池是圆池，没有设堂。看山没有“正面”，游园是环池行走，将如何叠山？

北园的做法，不是在池外叠山，而是完全在池内叠山。池内叠山符合壶领神话中的原型，同时在景观上，更加强调了中心性。但池内叠山，应该如何构形？

北园的做法，不是叠一座山，而是叠三座山，互相脱开距离，成为环形分布的场景，以此，与绕池行走的看山相配合。叠山不求静态构图，而呈现了动态组合的景象。[2]

三山成组，三山的动态组合成为第一吸引人的景象。这样的叠山多维布局，不再像正面“如画”的布局构图，而是改变了对山形的追求。三山在人们环绕的视角下，掩映蔽亏，互相衬托，加上不同角度的光照，表现可以很丰富。灵透之势，就借助池中三山造就出来。

[1]

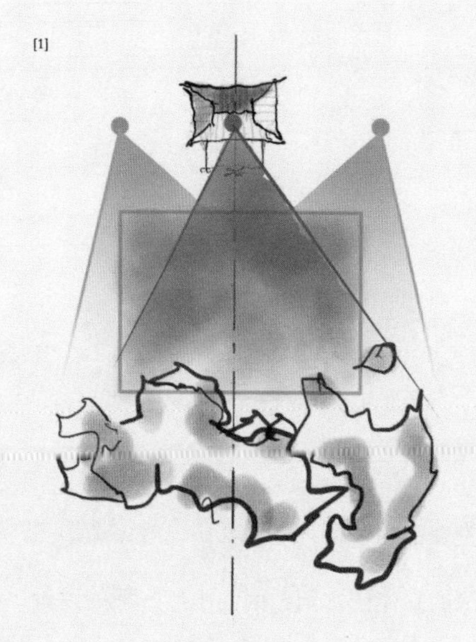

[2]

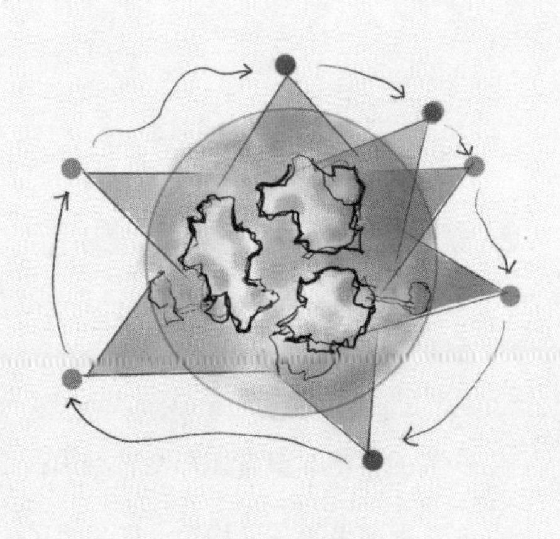

单石隔池看山的布局

环圆池看山的布局

灵透之势的造就：

1. 三山脱开，山之间有空间纵深，环池观看，山形步步都在变化；

2. 可以看见内部甑甄洞的空间，中心性更好，内部景象也在变化；

3. 当阳光从适当的角度投射下来，外山内洞，景象格外有趣；

4. 划小船入圆池，有更多的观赏视角；穿行于三山之间，进入中央水洞空间，山的玲珑通透之势更为显著。

在圆池中，叠三山的这个案例也可看成是巨大的盆景。不同的是尺度够大，人可以进入其中游赏、体验，而不像是真的盆景，只能从单一的外观视角静态观赏。

吴国伦北园｜茅亭 匏居 自然庵

西屿隅竹間又結一茅亭，其小視兩亭之半。其南數武又置一館，以待宿客，曰「匏居」。東數武則木香架，與「壺領」中峰相直。木香長經歲，自蒙其架如屋，不假甍壁，曰「自然庵」。坐「青桂亭」，望「匏居」「自然庵」，隱隱山外又一村矣……

——吴國倫《北園記》

茅亭　匏居　自然庵

园池叠山的重点是借圆池营造出的悠远感。

圆形山池的西边有岛屿，岸边有一片竹林。园主在岛屿和竹林之间建了一个小小的茅草亭子。这亭子非常小，比青桂亭小了一半。从亭子再往南，沿着圆形的池边，园主建了一座小房子，是给客人居住的，叫“匏居”。

从匏居，沿着池的圆弧方向再往东，几乎到了圆池的正南方，园主在此处搭建了一座木香的花架。木香长了多年，已经把花架整个覆盖起来了，看上去很像一间屋子，只是没有屋脊和墙壁。这个木香花架叫“自然庵”。从池北面的青桂亭看池南面的自然庵等一系列小建筑，隐隐约约感觉它好像属于山外另一个村落。

山外又一村的景象颇有悠远的野意。

匏居 自然庵 场景示意图

势的要点：悠远。

形的条件：圆池一侧。池有叠石山、桥，池周竹林蒙密。

形的设计：

1. 建筑环池散布。

优点：从青桂亭看，圆池的弧形池岸在透视上蜿蜒映带，显得幽远。

2. 池有叠山，有桥跨水。

优点：○前后环境有山桥隔开而又能通透，视觉有层次，显得幽远。

○池岸竹林蒙密，前后掩映，也能迷惑真实的距离感。

3. 建筑缩小尺度。

优点：○亭、居、架尺寸比正常建筑小。

○近大远小造成透视错觉。

○用草顶，也消弭了用瓦的尺度感。

吴国伦北园 | 浣芳池 佚我堂

「青桂亭」後數武，栝柏數十株，修幹繁枝，森爽成列。柏以內，地復平曠，又規一池如弦月，種朱魚可千頭。其中徑以石梁，環以木楯，而門其上曰「浣芳池」。池左方故多竹，而新長又數千竿，因名「綠雲塢」。其右故多老梅樹，花時如積雪數畝，因名「香雪林」。林塢各置石几一，可觴可琴，可席地而卧，池上爲「佚我堂」臨之……堂止三楹，旁起兩丙舍翼之。尋架堂之後，榮爲「飼鶴軒」……

——吴國倫《北園記》

浣芳池　佚我堂

园中区的重点是堂区格局。

青桂亭，它的北面有好几十株大的桧柏树。树干修长而高耸，树冠浓密，整整齐齐地排着，宛如一堵高墙。进了这柏树的高墙之内，高低不平的土坎在这里变成略低的平地。园主在平地中建了一个水池，形状像弯弯的月亮，水池里养了很多鱼。水池外面用木栏环围，木栏杆的中间有一扇木门，门匾上写“浣芳池”。池上有一座石桥，池的西边是一大片原生竹林，竹林中每年又会长出很多新竹，名叫“绿云坞”。池的东边是原生成林的大片老梅树。

梅树开花的时候，就好像积了一大片雪，连绵有好几亩，因而此地取名叫“香雪林”。在竹林和梅林之中，都设置了石头桌凳，宾主可以在那里喝酒、弹琴、躺卧。弯月形的池塘，围着一座堂，堂三开间，名叫“佚我堂”。堂的两翼延伸出耳房，屋架的后檐下又延伸成一座小轩，叫“饲鹤轩”。

浣芳池

形的条件： 古柏林、地势起伏。

形的设计： 小径穿透古柏林的“高墙”。

优点：

○形成强烈的“进入”之势。在墙内，“隐”和“安逸”的势初步形成。

○成列的古柏林被视为高墙，路径垂直于古柏墙，穿通古柏墙，进入地势平旷的小环境。

○几十株古柏成列，有非常强大的势。小径的“穿”势因此也很充足，情势颇紧张，小径更有势。径弱小，树列高大，强弱对抗，反差有趣。

○高林之后的平旷再形成反差，平旷处，势转平缓。

○人工的营造，只有一条小径而已。利用现状，组成反差，衬托安逸的园居气氛。

浣芳池 佚我堂 剖面示意图

佚我堂

形的条件：两种植物林相接。

形的设计：定中轴于分界处，将建筑群的中轴定在原有两类植物群的交界处。

优点：

○有中轴对称格局，得左林右林围抱，更“安逸”。

○左林右林各具其美，随性游赏，更有趣。

专论 | 定中轴线于分界处

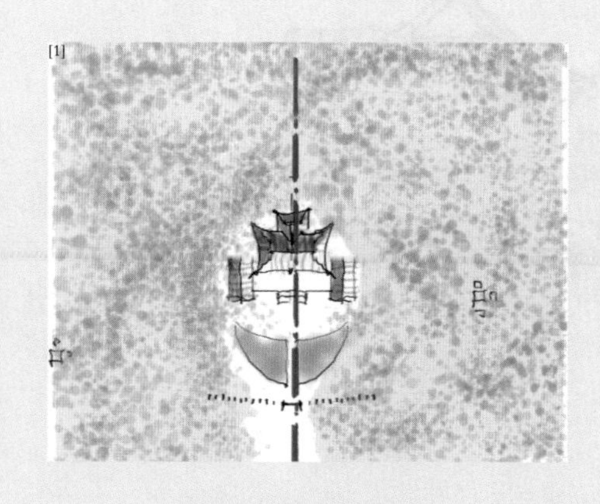

中轴在梅林中央示意图

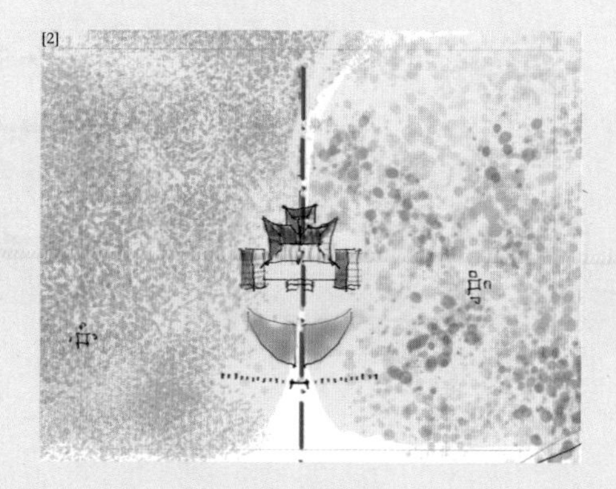

中轴在梅竹之间分界处示意图

原状是竹林和梅林挨着，一般设计会将中轴线设在某一片林的中央。[1] 北园的设计者将中轴线设于两种林的分界处，用佚我堂和弧形池以及门、桥组合成中轴系列。中轴组合很清楚地将两种林切分开，互不相连，从而将左林与轴线以左结合成一区，将右林与轴线以右结合成另一区。两种林的差异被明显区分出来，成为不同的两个境。[2] 游园时，进入竹林区以内，可以隔水向外看见梅林；进入梅林区也可以隔水看见外面的竹林。游览、躺卧，赏音乐，饮茶酒非常安逸。

以边界为中轴，设计机巧而自由。

形的组合，层层进入而造成内外区别，可隐于内，达成第一层“安逸”；中轴对称而形成中正和左右围抱，达成第二层“安逸”；左右各具其美，营造简而效果丰。

吴国伦北园 | 松关 抚松台

最後，則古松十余株，屈起崇岡，蒼翠可食，而密筱雜木蓊薈其下，若爲護鱗甲者。於是因岡培土，架爲「撫松臺」，高仞余，廣視堂深倍之。其陽三面皆斧石甃之，中爲洞門，曰「松關」，由「松關」入洞，左右各梯石十余級，登臺，臺上建小閣門，曰「玄覽」，閣中騁望，又可盡城南諸山。臺後稍削級而下，於松林最幽窕處結一小亭，曰「雲根」……

——吴國倫《北園記》

松关　抚松台

最后一区形势独特。

园的深处，有一片古松林，十多株古松苍翠茂盛。古松林在一个高起的土岗上面，土岗的周边、下面是竹林杂树围着一圈，像护卫似的。

园主借着土岗的地势堆土台，在朝南面用石头把土台周边砌筑起来，建成高台，台有门洞，像座城门。门洞的上方题写“松关”二字。从门洞进去，有石台阶通往上边，可走到台的顶层。这座台叫“抚松台”。

园主在台的顶上又建造了一座小阁楼，像城楼的样子，小阁楼叫作“玄览”。从阁楼上向周边望，视野非常开阔，可以越过城郭看到城市南边的远山。台后稍微下两步台阶就是松林，在松林中可享受绿荫。

松林深处，最曲折幽深的地方，园主建了一座小小的亭子，上有大松树覆盖，周边都是绿荫围绕。小亭叫“云根”，是园子里最深静、幽雅的地方。

松关 玄览 抚松台 场景示意图

势的要点：崇、古、幽。

形的条件：土岗，古松林。

形的设计：

1. 建高台，建阁楼。

优点：○如城楼高耸，有古代关隘的苍古雄厚感，以配古松林。

○登台过程也具有仪式感，使得土台有“崇”的气势。

○台上再登小阁远眺，方位显得更高。

2. 松林深处建小亭。

优点：幽深寂静，野。

吴国伦北园 | 总体分析

北园所用之地完全算不上视觉上的“形胜之地”。地形起伏杂乱，植物密密蓬蓬，挤满地面。吴国伦却喜欢其地浓荫密布、生机勃勃的野趣。园的营造，是向野莽之中加入几点小小的秩序，使杂乱之中似乎显出几处格局，既野得肆意，又暗含规矩。笔墨很少，效果很好。原生的植物，杂乱的或齐整的，古老壮大的或新鲜细柔的，密布其中。原来的地势，低洼的或隆起的，都被园主加以利用。加入很少的建筑，就组织成园境。

多用格局，少用建筑，可说是北园营造的一个特点。

北园营造的第二个特点是园境的独特性，三组园境没有一处是常用手法。

大圆池是明代孤例，圆池叠山是很有创造性的组山水洞。这一组园境的神话场景，也是很少见的应用于园林创作的神话典故。由神话的理想之国山水，到用完全新的园林形式落地，形式创作的逻辑性强，效果独特，反映出高水平的独创思考。圆池、组山、松关，都是明代园境研究中的孤例；佚我堂将轴线设于两种林之间，也是巧思。

北园可说是一座“野园”，其营造显出不羁的造境自由。

弇山园

园境·明代十一佳园 | 第三园

平地营造三山二水　城市山林的巨丽经典

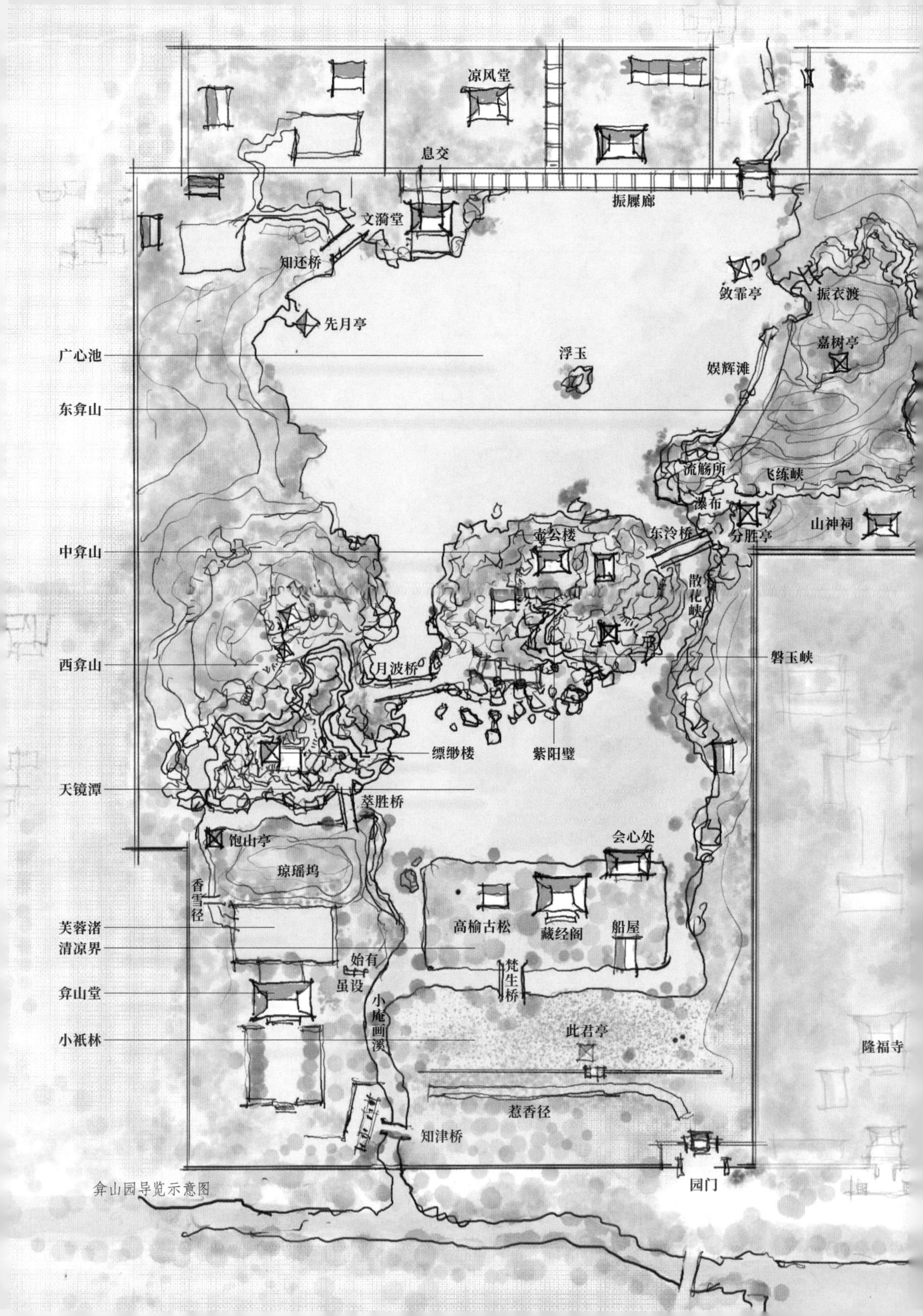
凉风堂
息交
振屧廊
文漪堂
知还桥
敛霏亭
振衣渡
先月亭
广心池
浮玉
嘉树亭
娱辉滩
东弇山
流觞所
飞练峡
瀑布
中弇山
壶公楼
东泠桥
分胜亭
山神祠
散花峡
西弇山
月波桥
磬玉峡
缥缈楼
紫阳壁
天镜潭
萃胜桥
饱山亭
会心处
琼瑶坞
香雪径
芙蓉渚
高榆古松
藏经阁
船屋
清凉界
始有
虽设
梵生桥
弇山堂
小庵画溪
小祇林
此君亭
隆福寺
惹香径
知津桥
园门
弇山园导览示意图

弇山园是明代著名园林，其面积达70多亩，为私家大园。该园选址于苏州太仓城内西南区的农田村落和古寺之间，地形平坦，周有水系。

弇山园的营造叠山一胜，理水一胜。西弇山、中弇山、东弇山三山从园西南向东北斜向分布，天镜潭、广心池两大水面一南一北，穿山而连。中弇山成为大水中的岛山，大水北面为园居区，主要园境借三山二水展开。全园格局规整大气，园境丰富多变；建筑较多而且格局正，园境的呈现密集紧凑。慢读总图的全园格局以及各园境所在位置和环境，有助于认识与想象各个园境的空间和场景。

弇山园的叠山可称明代最优秀的作品之一。《园境》系列第一本《园境：明代五十佳境》的开头，集中13个园境讨论明代园林叠山，其中即选介了弇山园的8个园境：入山路、峡谷、契此岩、缥缈楼、潜虬洞、流觞所、娱晖滩和散花峡。本篇则介绍和讨论弇山园的23个园境以及全园整体。

弇山园虽是文人园林，但华丽较多，游乐趣味偏重，清雅略逊，它的盛名，也在于巨丽。

弇山园 | 园的故事

太仓城所辖地域，北临长江入海口，与崇明岛隔江相望，西接太湖。境内河流纵横，土地丰饶。相传春秋、西汉、三国时期，吴国都在此地置大粮仓，因此得名“太仓”。

园主王世贞，字元美，号凤洲，自号弇州山人，明代著名文学家、史学家。王世贞作为明代“后七子”之首，独领文坛20年。王世贞喜好山水园林，他不仅游园、建园，而且善于写园，园记是其文学写作的一大方向。他的园记脉络清晰，刻画深细，评论精当，或瘦或肥，无不跃然纸上。王世贞的园记作品在明代很有影响，他的《弇山园记》是明代三篇长园记之一，近8000字，也是三篇长记中记写园林脉络最清楚、文字水平最高的一篇。《弇山园记》记的是平地园，这可能也是中国古代园记中记写平地园最长的园记。

王氏家族源自魏晋时期的琅琊王氏，世代显贵。王世贞的祖父王倬，成化十四年（1478）进士，官至南京兵部右侍郎，《明史》中称赞他“谨厚”。王世贞的父亲王忬，嘉靖二十年（1541）进士，累官右都御史兼兵部左侍郎，是嘉靖朝的名臣。王世贞于嘉靖二十六年（1547）进士出仕，为官共40余载，王世贞的弟弟王世懋也进士及第而出仕。

王世贞出仕做官，有两次被罢免的经历。第一次于他青壮年时期，长达八年。其间，王世贞先建离薋园（见《园境：明代五十佳境》），后建小祇园。离薋园就在他老家宅旁边，用地比较狭小，环境有些嘈杂。后来王世贞在太仓城内西南的隆福寺西求得一片僻野，然后建造了小祇园，其后又在小祇园周边扩地渐次完成了弇山园的建设。

明代太仓城，其中心是像集镇一样的一片建筑密集的环境，中心之外，城墙之内，还有大片区域是像农村一样的环境。那里有成片的田地，有稀疏的村落农庄、古老的寺院道观点缀，还有溪流、野林和荒地。可是这些区域却属于城内，在城墙围护之内。这样的地带所具有的环境禀赋与城外真正的乡野村庄很不同，可说是既有人管，又足够闲散自然，往往其环境整饬和路桥设施水平也更高一些。弇山园就位于这样一个环境当中。

古代中国，城墙之内有田地农庄其实很普遍，这种情况甚至持续到新中国成立以后。即使是欧洲国家，古代城市的防卫城墙之内保留有农田的也并不少见。城内空地既可用于城市建设发展，作为农田也可以为战时提供粮食供给。

弇山园在太仓城的西南，从城市中心穿过喧闹的市镇和宅院密集区，进入小弄曲折、建筑低矮稀落的民宅区，再往西走，就到了隆福寺。隆福寺前方有一个很大的方池，方池的左右是废旧的园圃，感觉就像传说中隐士的隐居之地。隆福寺西，就是王世贞的弇山园。

弇山园前有一条清澈的溪流，河流两岸都是垂柳，柳枝交织，投下浓浓的树荫。小溪之南是大片的农田，田中种有麦子、稻子，还有油菜之类。春、夏、秋三季，或是黄的菜花铺满田野，或是空气中弥漫着麦香、稻香。弇山园再往西，有一座古墓，则有古松柏10余株。再往西则是一座汉寿亭侯庙（关帝庙），这个庙的建筑相当神气。傍晚，从弇山园门前向西看去，在古松的掩映下，碧瓦雕檐的建筑轮廓非常漂亮。

这就是用地周边的环境，弇山园就是从小溪垂柳的环境当中入门。

弇山园被称作明代江南第一名园，诸多文人墨客皆不吝赞美之词。明代文人、曲作家张凤翼在《乐志园记》中说自己的乐志园还比不上弇山园的一个小山丘。明代另一文人陈所蕴在《张山人传》中称弇山园非常漂亮，方圆百里闻名，是东南地区名园里最好的园林。

王世贞对园的认识，有其过人之处。一般人考虑宅居为主，园林为辅，往往先定宅邸，再利用宅邸的空地营建园林。王世贞认为要先营造园林，必要达到愉悦耳目的目的，再考虑居住的问题。

在选择环境上，王世贞认为居住于市内太过喧嚣，居住于山野又太清寂，居于城市偏处的园林最为适宜。从离薋园到弇山园的宅园选建经历，正是王世贞这番认识的基础。

王世贞说，弇园之胜，在于"六宜"：宜花，芬色殢眼鼻而不忍去；宜月，恍然若憩广寒清虚府；宜雪，登高而望高下凹凸皆瑶玉；宜雨，蒙蒙霏霏，浓淡深浅，各极其致；宜风，碧篁白杨，琮琤成韵，使人忘倦；宜暑，灌木崇轩，清凉四袭，逗勿肯去。"六宜"是园、天、人三者的六种相宜状态，可以给予我们许多启示。

弇山园｜惹香径 此君亭

入門，則皆織竹爲高垣，旁蔓紅白薔薇、荼蘼、月季、丁香之屬，花時雕績滿眼，左右叢發，不飔而馥，取岑嘉州語，名之曰「惹香徑」。徑至西而既，得平橋，曰「知津」，取「弇山堂」道也……徑之陽有墻隔之，中通一門，顔之曰「小祇林」。始之辟是地也，中建一閣以奉佛經耳……入門而有亭翼然，前列美竹，左右及後三方悉環之，數其名，將十種。亭之飾皆碧，以承竹映，而名之曰「此君」，取吾家子猷語也。其左，竹中辟爲路，客遊至此，倦可憩，所謂「夏不見畏日，輕凉四襲，逗不肯去」者……

——王世貞《弇山園記》

惹香径　此君亭

弇山园一入门，小路的两边是用竹编成篱笆。这不是一般的篱笆，而是编得非常高、而且牢靠的篱笆。园记中说是“高垣”，应该有近三米的高度。“高垣”之下种了红白色的蔷薇花、月季、丁香，还有紫藤、荼蘼等植物。把这些植物的枝叶缠绕在篱笆上，做成两面高高的植物墙。小径夹在这两道植物的高墙之间。春夏开花的时候，花从路的两边一丛一丛地开放出来，真像两面雕缋满眼的花墙。人走在两面花墙之间，即使没有风吹，小路上也是花香盈满。人穿行其间，衣襟都带着香气。弇山园入门的这一条路叫“惹香径”。

惹香径向西走到尽头，是一座平桥，叫“知津桥”，那是去弇山堂的路。在惹香径的北侧，有一面墙在竹篱的外边。墙上开了一扇门，门上题着“小祇林”，里面就是最早建园的所在，中间建了一座藏经阁供奉佛经。门内即有一座飞檐凉亭，亭前排列着很漂亮的竹子，亭的三面全是竹林。数一数竹子种类，有10种之多。亭子也涂饰成碧绿色，

惹香径场景示意图

与竹林碧绿的光色相映。游客到了此处，如果倦了，可以在亭中休息。夏天炎热的时候，亭中清凉之气袭人，人在亭中坐下，就不愿离去。这座亭子名为“此君亭”。“此君”的说法源于王徽之。王徽之特别喜欢竹子，曾说：“何可一日无此君。”

形的设计：

1. 惹香径：长径，繁花高篱。用花色、香气、明亮香艳来塑造浓烈之势。

2. 此君亭：绿竹林中，绿色亭。用竹色、幽暗、林荫来塑造清凉之势。

此君亭场景示意图

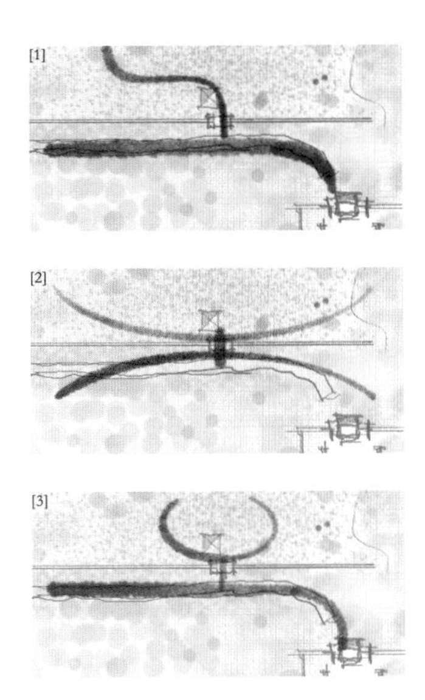

设计分析：

1. 以浓烈为入园主路，以清凉为游赏支路，主次并联。入园后显出大园的丰富、复杂格局，但处理清晰，复杂却不乱。[1]

2. 利用墙门，将浓烈的主路与清凉的支路倚门而靠，却互相隔开，入门后境的转换突然，凉热互相反衬。[2]

3. 主路热，分支凉，做强两个不同的势。

4. 将分支做成另外的环境，大园中的小环境，使主路显得重要。[3]

弇山园 | 清凉界

得石橋，廣而平，可布十席，向者往往于此候月，今以他勝處奪之，不能恒矣，名之曰「梵生」……蓋至此而目境忽處若辟者，高榆古松，與閣争麗，美蔭不減竹中，而不爲窈窕深黝，友人文壽承過此而樂之，古隸大書曰「清涼界」，甚怪偉，勒石立于橋之陽。

——王世貞《弇山園記》

清凉界

沿着竹林中的小径向北，溪上有一座宽广的平桥，这里可以布下10个座位，曾是赏月的好地方，这座桥叫作“梵生桥”，意指跨过众生居处的“欲界”。过桥后，前面的环境豁然开朗。

一片高大的古松和榆树林，掩映着同样高大的藏经阁，藏经阁神气且华丽。林间之凉爽，可以和刚才竹林当中的凉意相比。但是这里不像竹林里那样幽暗深邃，而是很高阔爽朗。

文徵明的儿子文寿承曾来到这里，看见这一片高大的树林非常喜欢，便题写了一大幅字，叫“清凉界”。字体古怪而雄壮，园主将它刻在石头上，立在梵生桥边。

清凉界场景示意图

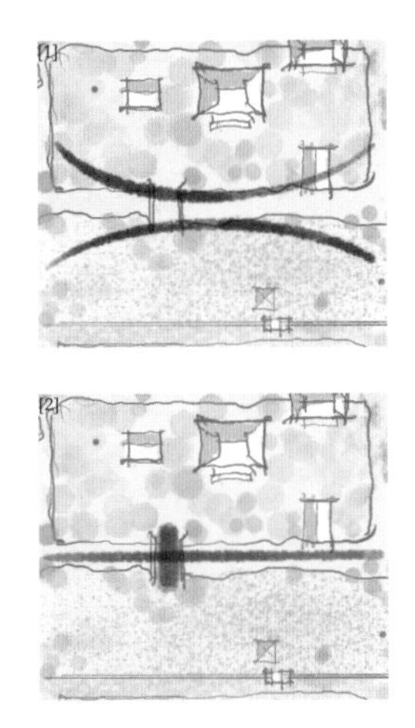

设计分析：

1. 竹林松林两处环境凉意相当。竹林小亭，凉而幽邃细密，尺度都小；高林高阁，凉而高爽开阔，尺度都高大。同是凉境，空间设计也用反差，使得各有明显特征。[1]

2. 有一条小溪作为两处清凉园境的分界。跨以宽桥，为高林高阁的先导。[2]

3. 仔细塑造空间形与势的层级进阶，以衬托藏经阁。

弇山园 | 藏经阁北窗 会心处

右方循橋直上可數丈，得閣，其左右室，藏佛、道經……啓北窗，則「中島」及「西山」，巒色峰勢，森然競出，飛舞拏攫，遠者窮目徑，邇者撲眉睫。閣之下亦寬敞……列榻其間，隨意偃息。軒後植數碧梧。自此而北，水隔之，路遂窮。閣之左，有隙地，與「中島」對，踞水爲華屋三楹，以俟遊客，過者歷歷若鏡中，花木禽魚，自來親人，名之曰「會心處」。

——王世貞《弇山園記》

藏经阁北窗　会心处

登藏经阁，阁上藏佛经道经。推开北窗，窗外就是中弇山和西弇山。山峦之色与峰高耸之势飞舞拏攫，竞相呈献。远山可极目而望，近山像扑到眉前。阁下很宽敞，有轩临水。轩中列了榻椅，可以随意休息。轩后岸边种了几株碧绿的青桐树，此处到了水岸，小路在这里已是尽头。

阁东侧还有一小片地正对中弇山，园主紧临水岸建了一座华丽的小亭。游人在亭中就像在镜中，花木和鱼鸟都过来与人亲近。这里叫作“会心处”。

会心处典出《世说新语·言语》，东晋简文帝入建康华林园，环顾左右说：“会心处不必在远，翳然林水，便自有濠、濮间想也。觉鸟兽禽鱼，自来亲人。”

从天镜潭看藏经阁、会心处

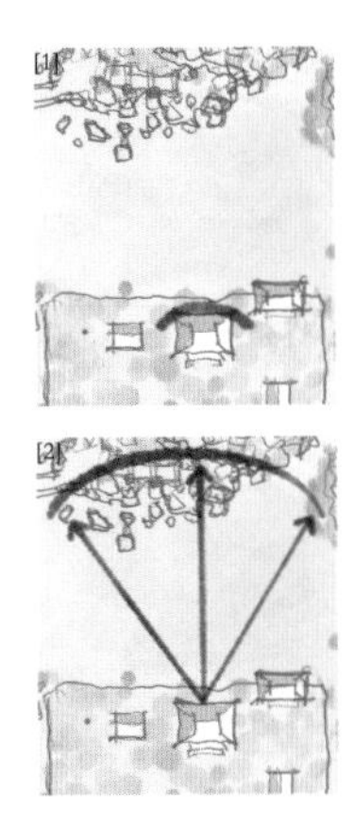

藏经阁北窗

形的条件：阁上，北窗（藏经阁用纸窗或木板窗，利于藏经），阁外远近有山，下有大池。

形的设计：

1. 北窗封闭，视线在室内；[1]

2. 北窗开启，视线外放，豁然开朗，别有一天；见阁外远近两山，山色峰势飞舞。[2]

会心处场景示意图

会心处

势的要点： 空明。

形的条件： 高梧下，临大池，空亭三间。

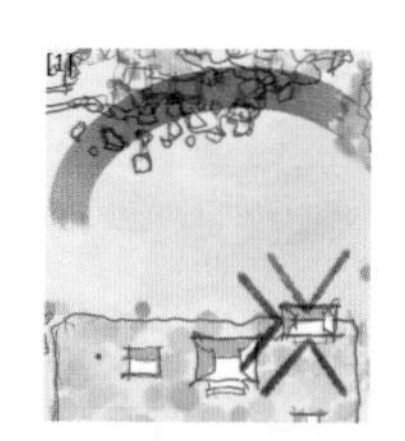

形的设计： 1. 临池建亭于高梧之下，空亭四面开敞；[1]

2. 水面开阔，高梧在上，池中倒影明媚如镜；[2]

3. 风、水、禽鸟、光影动，各处都活泼。

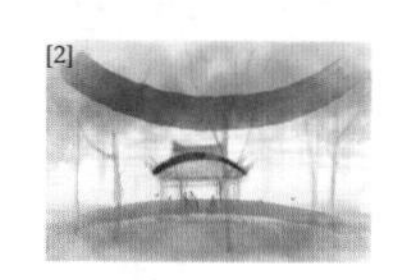

评： ○如果说，此君亭和清凉界是两处“经过”，藏经阁北窗和会心处就是两处“驻足”。驻足处各配有“观望”。[3]

○阁窗在高处，凭高旷望，而且呈现很有戏剧性，高望效果惊人。会心处在树冠之下，贴近水面的低处。上面都被遮蔽，贴近水面平看，池面向远延伸，低处水镜明亮，倒影清澈，处处灵动，细慰人心。这两个“观望”成为一组，似乎带有一些禅意。

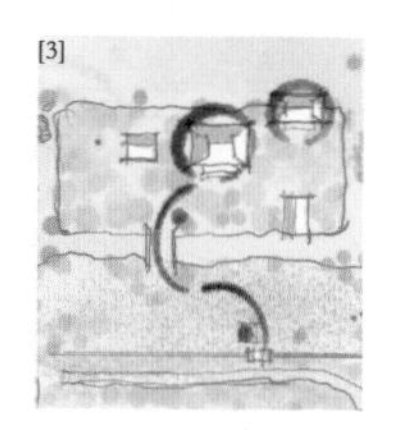

弇山园｜小庵画溪

「知津橋」者，跨「小庵畫溪」，北亘數十百丈，溪盡而兩山之趾出，步之則皆在望，以其類吴興之「庵畫」而小也，故以名。

——王世貞《弇山園記》

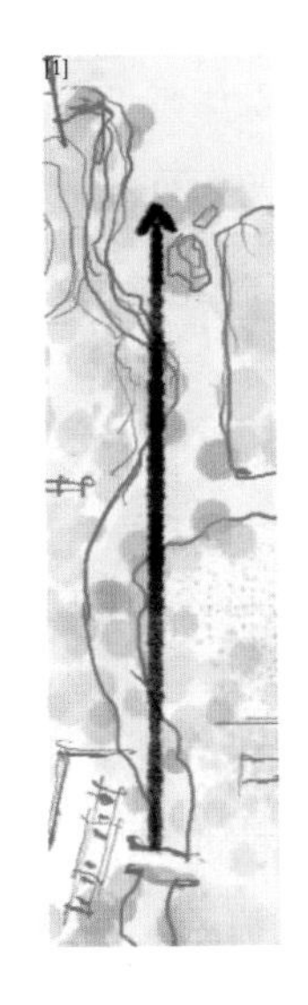

小庵画溪

从惹香径往西走，有桥跨过溪水，便是知津桥。桥下，溪水往北去有几十米长，两面坡岸相夹，溪水在树冠的覆盖和掩映之下蜿蜒，景象如画。小溪北端汇入远处大池——天镜潭。这一番美景很像在浙江湖州的“庵画溪”，因两岸风景如画而得名。知津桥以北的这一段小溪，因为景象颇为动人，故而取名为“小庵画溪”。[1]

弇山园 | 弇山堂前、后、左

堂五楹翼然，名之「弇山」……其陽曠朗爲平臺，可以收全月，左右各植玉蘭五株，花時交映如雪山、瓊島。采而入煎，啖之芳脆激齒。堂之北，海棠、棠梨各二株，大可兩拱余，繁卉妖艷，種種獻媚。又北，枕蓮池，東西可七丈許，南北半之。每春時，坐二種棠樹下，不酒而醉；長夏醉而臨池，不茗而醒。遊客每徙倚其地，輒詫謂余：「此何必減王衛軍『芙蓉池』也？」予謝不敢當。而會吾鄉有叢廢圃下得一石刻曰「芙蓉渚」，是開元古録，或雲範石湖家物，因樹之池右。池從南，得小溝，宛轉以與後溪合，旁皆紅白木芙蓉環之，蓋亦不偶雲。循堂左而東，沿「小庵畫溪」，一石坊限之，扁曰「始有」，其右坊，扁曰「雖設」，稱「雖設」者，以阻水故。度「始有」門，則左溪而右池。

——王世貞《弇山園記》

弇山堂前、后、左

从知津桥往西，可以到达弇山堂。弇山堂五开间，檐角高跷如飞，是园里最大的一座建筑。

堂的南面是宽大明朗的平台，月夜赏月，视线开阔。台上左右对称各植了五株玉兰树，开花的时候，就像雪山琼岛交叠在堂前的平台。花瓣有时候也可以采下来煎茶吃，口感非常清脆。这是堂前。

堂后是长方形的池塘，东西宽约20米，南北进深约10米。堂后临着池水种了四株花树、两株海棠、两株棠梨，都长得茂盛，开花的时候，种种妖艳难以尽数。长方池的水面还种了很多莲花。

春天的时候，园主坐在堂后池边这四株花树下面，感觉格外美好，不用喝酒也会心醉。夏季清凉，一池莲花，醉酒的人临池，池上吹来习习的凉风，不用喝茶也会酒醒。

弇山堂前后剖面示意图

池的周边都种了木芙蓉，红色、白色的芙蓉花环绕着池塘。一条弯弯曲曲的小溪把池塘和后溪水系连接起来。后溪两岸也种植红白木芙蓉，连成一带。游客都说，这景象可比王卫军的芙蓉池了。

园主从一处废园得到一块石碑，刻着“芙蓉渚”三个字，据说可能是唐开元年间的古物，或者是宋代范成大石湖古物，因此将石碑立在池边。

池塘的东面沿着小庵画溪有一条小路，其上有一座石牌坊，一个坊门上面刻着“始有”两个字，另一个坊门刻着“虽设”两个字。这条小路就是《园境：明代五十佳境》中介绍过的弇山园入山路的第一段，它的东面是小庵画溪，西面是芙蓉渚，两面都有很多花树。

这是弇山堂的前、后和池塘东边的小路、牌坊与小庵画溪。

堂左始有和小庵画溪场景示意图

形的条件：建堂位置在园西，位置偏弱。

形的设计：

1. 建一座五开间的大堂，以端庄之势和高大的体量提高堂的影响；

2. 堂的轴线向南、北延长，生长出对称的前平台和后方池，进一步扩大堂的影响；

3. 堂的轴线与对称格局再向南北，就散失消除，回到自然景物的主导中。[1]

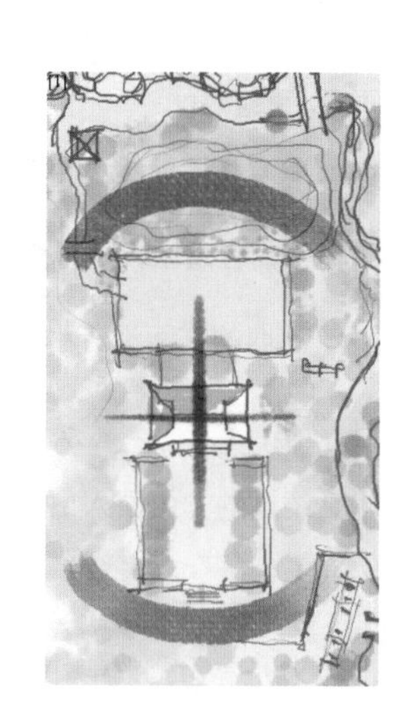

弇山园 | 月波桥

「西弇」之事窮，而得水，與「中弇」隔頗遠，爲橋以導其水，兩山相夾，故小得風輒波，乘月過之，溶漾瑣碎可玩。適有遺予蔡君謨《萬安橋記》者，中「月波」二字甚偉，因摹以顔橋楔之楣。

——王世貞《弇山園記》

月波桥

西弇山是园中最大的石山，佳境频出。其入山路、峡谷、石洞和山顶都在《园境：明代五十佳境》中作为园林叠山案例介绍并讨论过。

西弇山东端，在天镜潭水边一角，与水中的中弇山还隔得有点远，需要架一座平桥才能通往水中的中弇山。桥处于两山相夹处，只要稍微有一点风，水面就会泛起细细的涟漪。

平桥望月最佳。月夜过此桥，东面月亮升起，水面反光明亮，微风拂过，水上细细的波纹闪烁滉漾。这桥叫作“月波桥”。

月波桥场景示意图

形的条件：两山之峡，东面是平湖。

形的设计：在峡低处建平桥。

优点：

○桥有两山相夹，山高桥低，高下反差有势，两山夹桥，有围合依傍之态。[1]

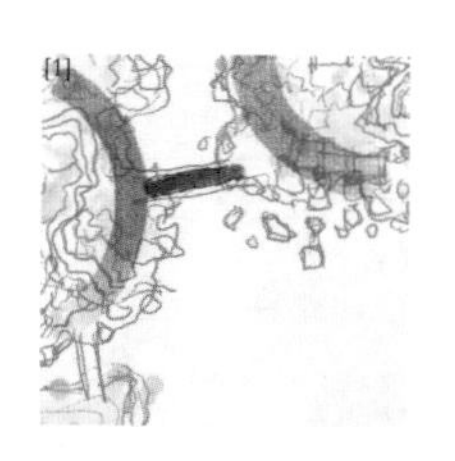

○处于两山相夹之桥，前临平旷水面，空间窄宽反差，凸显水面开阔，与天空交相辉映。[2]

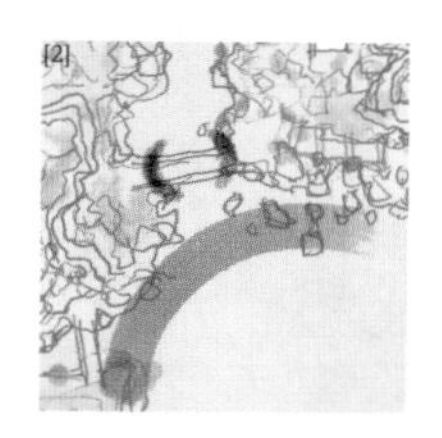

○桥位置低，看水面视角低平贴靠，光耀闪烁，与明月高远宁静反差成趣。[3]

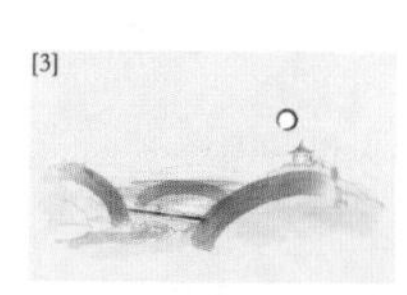

弇山园｜磬玉峡 紫阳壁 壶公楼

自此轉而入峽矣。峽兩旁有怪石，窈窕陰沍，仰不見日，緣澗而轉，委曲泝沿，兩相翼爲勝。嘗謂峽高不能三尋許，而有蜀夔府岷峨勢。澗旁穿不過數尺，而乍使靈威丈人探之，當必有縮足不前者，此「中弇」第一境也……名其峽曰「磬玉」。

由「罄玉峽」再轉可十五級，而得石欄翼然，啓左扉而入，抵中樓凡三楹，其前則爲石壁，壁色蒼黑，最古，似英，又似靈壁，悢岈搏攫，饒種種變態，而不露堆叠迹，錢塘「紫陽庵」一二處，彷佛近之，曰「紫陽壁」……壁之頂，皆栽栝子松，高不過六尺，而大可把，翠色殷紅殊麗。啟北窗，呀然忽一人間世矣。漣漪泱漭，與天下上，朱拱鱗比，文窗綺樓，極目無際。「東弇」「西崦（弇）」，以朝夕門勝。顔之曰「壺公」，謂所入狹而得境廣也。左正值「東弇」之小嶺，皆緋桃，中一白者尤佳，適與敬美春盡過之，尚爛漫刺眼……自「徙倚亭」而南折，下數級，得「東冷橋」，而「中弇」之事窮。

——王世貞《弇山園記》

磬玉峡　紫阳壁　壶公楼

中弇山是弇山园叠山师张南阳用王世贞收集祖上流传的大量好石头来叠的第一座山，因此山上各处有漂亮花石来造景。转入山中一条峡谷，峡谷有水流。峡谷不过七八米深，但抬头不见天日，道路非常曲折，两面山石险峻，似乎有长江三峡雄险的势头；涧水旁穿不过几尺，却令游人胆怯而不敢过。这是中弇山的第一境。这个峡谷叫作“磬玉峡”。

磬玉峡险峻紧迫，深谷中有一条石阶小路盘旋而上。快到山顶时，高处有石头的围栏。从东边推开一扇小门进入一个极小庭院，从一侧走极小的中楼，楼对面有一面苍黑色的大石壁，是灵璧石或石英石这样的石头叠成，又亮又黑，姿态奇特，叠成种种变形。石壁高大，却没有人工堆叠的痕迹，仿佛是真山里一处很古老的完整岩壁，这石壁叫作“紫阳壁”。

紫阳壁 壶公楼 场景示意图

这应该是叠石中的一件优秀作品。

石壁顶上栽了几株松树，松树高不过二米，但是姿态婀娜，松针碧绿，伸在小小的庭院上空，与小楼檐下的彩画相衬托，翠色殷红，精致华丽。进小楼推开北窗，窗外景色惊人，像突然到了另外一个人间。下面是水波涟漪宽广泱漭，与上面天空的蓝色相映，远望极目无际。近处是朱楼雕窗，远处是太仓城民居鳞次栉比的楼台。东西两面各有东弇山和西弇山。黎明和黄昏的阳光，使这两边的山显出美妙的光影和形色，这正所谓进入狭小处而得到宽广境。楼名为“壶公楼”。

推开壶公楼向东的窗，窗外近处是东弇山的小岭，岭上桃花正盛开，其中一株白桃在窗下尤为灿烂夺目。壶公楼是中弇山的最高处，稍下山向东，跨过东泠桥，就可以去到东弇山。

壶公楼和小庭，很可能是最后扩建广心池时由吴姓山师营造的。因为此处已经位于大园中央的中弇山，需要将曾经的背面向山北新区的大池做出形态上的响应。

[1]

[2]

[3]

[4]

形的条件：山顶。

形的设计：

1. 设蹬道陡峻，转折向上。

优点：显山之高峻。[1]

2. 山顶建小楼。

优点：可高望。

3. 小楼前建石栏小院，紧接蹬道。

优点：○进小楼之前有院，空间层次细腻。

○高院在山顶上，有仙风道骨意味。[2]

4. 小院南侧设巨大完整叠石壁。

优点：○石壁为山体的延续。

○巨石壁与小院相对，小楼、小院、巨石壁构成一组，巨石突出山之大，反衬人工营造之小，巨细反差有势。[3]

5. 进小楼，启北窗，望远近东西大景象。

优点：楼极小，景象很大，反差衬托美景惊人。[4]

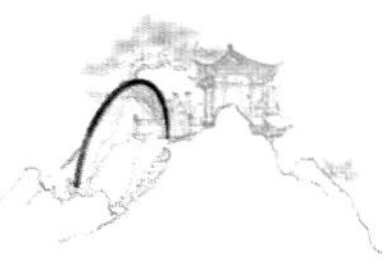

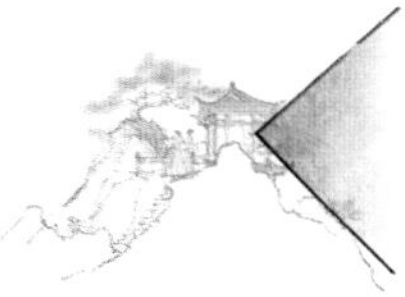

两处北窗

壶公楼的北窗之外，跟小祇林藏经阁的北窗之外有异曲同工之妙，但更有特点。

中弇山陡峭，山路陡上，山顶有极狭窄小院，小楼尺度非常小，把高、峻、逼仄的势做得很足。而小祇林藏经阁的环境很宽松，甚至比较高阔。阁楼本身体量也不小。两处北窗虽然同样是先遮挡住北面景色，然后再突然打开，都是用室内小尺度的环境来反衬北面的大景象，但壶公楼是更高和极为狭窄的小空间，广心池更为广大，其反衬之势显然强大得多。壶公楼北窗外的景色，境的转换更加惊人，这个宽广景象给人的感觉更为强烈。

中弇山在山顶上设置了紫阳壁这样华丽的石壁，紧紧围着这样一个极其狭小封闭的小院，进入精美小楼，向北把视野景观打开。这样一种变化，作为山顶的收头，是很漂亮的，有独具一格的神气，这在园林叠山中极为少见。

小庭、小楼、小松之外，却有大石壁，两组尺度的反差，其势也很触动人。

弇山园｜老朴树 嘉树亭

復東數級而下，得老樸，大且合抱，垂蔭周遭幾半畝，旁有桃梅之屬輔之。始僧售地，欲并伐此樹以要予，予謂山水臺榭，皆人力易爲之，樹不可易使古也，益之價，至二十千而後許，爲亭承之，曰「嘉樹」……亭北枕樹而南臨澗，又借樹蔭，雖小，致足戀耳！

——王世貞《弇山園記》

老朴树　嘉树亭

在东弇山，从流觞所（见《园境：明代五十佳境》）往东、往下稍微走几步，有一株老朴树。这株老朴树的树干大得可以合抱，直径应该有五六十公分，树冠树荫可以覆盖差不多300平方米的空间。老朴树旁又种植了一些开花的、鲜嫩的、艳丽的桃树和梅树来陪衬。

东弇山是在弇山园建设的最后一期建成的。这一片用地是园主后来从东边的隆福寺买来的。买地的时候，隆福寺的和尚曾要挟王世贞说，要把他们隆福寺后面这株大树砍了。王世贞虽然知道这是要挟，但是觉得这株大树太可贵，不能让他们砍。经过讨价还价，最后多花了很大一笔钱，才连这棵大树和这块土地一起买下来。

王世贞在大树下面建了一座小亭子，承接树冠下的荫凉，小亭子叫“嘉树亭”。亭的北面倚靠着树，它的南面临着一条小溪。除了大树，周边还有梅树桃树这样一些花树。这亭子虽然小，在林荫下，在桃花、梅花却非常可人，园主经常在这里流连，不肯离去。

嘉树亭场景示意图

形的条件：北有大树，南有小涧。

形的设计：

1. 建小亭于大树之下。

优点：亭小与树大形成主次关系，突出了“枕”的势。[1]

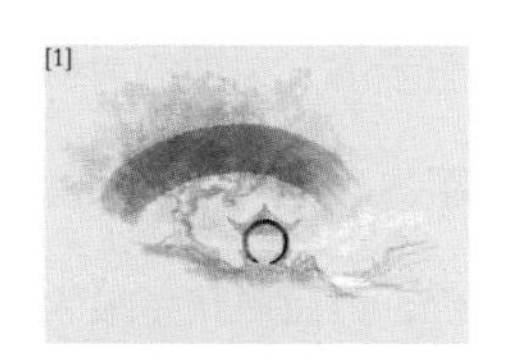

2. 小亭南临小涧。

优点：活泼。[2]

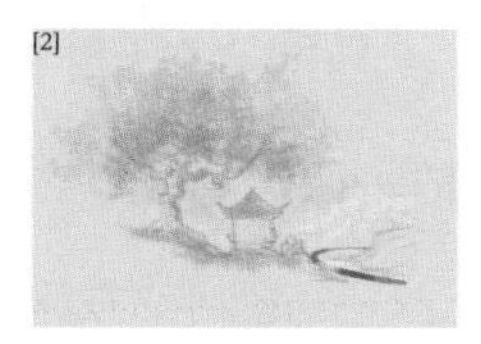

专论 | 亭之“枕”

再论建筑物在园境营造中的作用

在《园境：明代五十佳境》中借遵晦园和淳朴园的园境案例，论及不同的建筑类型有不同的围合状态，影响着其中的人对环境感知的体验效果。

在弇山园中，嘉树亭的案例也值得细察。

有大树张盖在上，建小亭枕于大树之下，实际是人想要枕在树下，用亭的姿态来表达人的一种情态。人自己并不真枕，却能够享受对大树的这种依恋、亲近的舒适关系。亭这个建筑在这里成为人享受树的重要介质。如果没有小亭在下，人难以尽抒对大树的喜爱亲近之情。

弇山园嘉树亭给出了另一个启示：建筑的姿态与自然环境原有的姿态、态势的生动配合，可以表达人内心与自然原有姿态、势态的对话和响应。“枕”，这个对大树的响应，可以用亭子的小尺度、贴靠得近、掩在树冠之下等姿态来达成。

中国园林在自然景物中设置各种建筑，它们有一个显著作用，就是建筑用不同的“形”来与自然形态进行配合响应，从而合成新的、有意味的整体景象和态势。中国园林的营造，先要品味自然潜在的各种态势，然后用建筑配上去，从而清楚地呈现出山水林树的意味。建筑姿态与自然姿态的配合，事实上是抒发人欣赏自然的情感需求。王世贞在《弇山园记》中说：“亭北枕树而南临涧，又借树荫，虽小，致足恋耳！”枕，是人想枕在大树下；临，是想要立在溪涧旁边；借，好像与友善的邻家商借。建筑的营造与自然的美好状态达成了枕、临、借的关系，就好像人与自然美景有了这样亲切的关系。北枕、南临、上借，与周边的情感密切而各有不同。亭的营造表达了这些情态，成为园主内心希求的知音，园主在亭中，对此处潜在的爱意和情感得到提炼和抒展。园主在此亭中，像与知音好友面晤相谈，不愿离开。

中国古代园境的创作，总要给予命名。有一些园境的名称，能反映这样的情态特征。弇山园这个小亭，命名为“嘉树亭”，带上了树，但是还未能表达出园主为什么依恋它的要点。弇山园各处园境的名称，大部分是象形名称，直白而浅显，如磬折沟、缥缈楼、蜿蜒涧等。还有大量对山石象形的命名，如鹰啄、雌霓、鳌背、司阍石等。这可能客观上适合一般游人的品味，大家能看得懂，能欣赏得开心，名声能传得出。弇山园中比较有意味的名称有散花峡、分胜亭、娱晖滩、敛霏亭、知津桥、借芬岭等。

相比之下，寓山园的园境命名，较多地反映园境动人的要点：水明廊、踏香堤、浮影台、瓶隐、回波屿、静者轩、远阁。寓山园的建造，园主是著名文人，自己亲力亲为，痴迷于园境营造中。对自然姿态与形势的理解体会，对建造的贴切与应对体会极深。这些园境的命名一定也是竭尽穷思，要将内心潜在的感觉提炼发扬，用惊人之语传达给别人，要给人深刻独特的印象。《园境：明代五十佳境》中介绍的小昆山读书处，园境的营造简单质朴，命名带有了自然与建筑情态的要点：蕉室、蝌斗湾、红菱渡、杨柳桥和乞花场。寄畅园的入门，清响、锦汇漪、清籞、郁盘等命名优雅也别具一格。命名题额，是文人以文学参与景观建设的主要而普遍的方式。直接下场营造，这是进入到建设方式，亲自在山水间构建诗意的空间场景，更为可贵。

我们今天在山林寺观和园林建筑上所见，有大量的楹联题对。在明代园记的记载中，很少记建筑有楹联题对，但记的名称题额多。联想到今天见于重要名山景区的崖壁刻石，几乎密密麻麻，很少仅留有古代二三大字者，不知清代是否开启了大量留文留字的风气。

弇山园｜留鱼涧 振衣渡

始爲「山神祠」……祠兩旁出一道，由「玢碧梁」下度，可以俯窺「留魚澗」之勝。「留魚澗」者，首「分勝亭」而尾達于「廣心池」，最修而紆，幾貫「東弇」之十七，兩傍皆峭壁數丈，宛轉將百曲，即遊魚入者，迷不得出，故名「留魚」；花時落英墮者，亦積不能出，故一名「留英」……其自陰徑，所擅澗而已，徑不爲疊磴，上下甚峻而滑，忽起忽伏，其上則袂相挽，小斷則躓；下則履相踵，小近則嚙，以故遊者或苦之，而振奇之士，更栩栩誇快。澗盡其陰徑出而得池，然再斷，斷之中爲平坡，其再斷之中復再斷，而中疊石以度，度者如振衣而躍，乃克濟，曰「振衣渡」。遊女至此，往往怯而返，又曰「怯女津」。過此則繞「斂霏亭」之後，轉入亭。

——王世貞《弇山園記》

留鱼涧　振衣渡

弇山园的东弇山以土山为主，兼有用石。东弇山有两条路，一条路主要在山的高处，游人行走在各山脊上。这是高而明亮的一条路，可以欣赏上面互相掩映的松林和花树，可以看山岭的各种起伏。另有一条幽深的路，这条路穿过山中谷地，沿着山涧走。山涧在东弇山这一大片山里弯弯曲曲、又细又长，几乎贯通了东弇山七成的面积。

山涧狭窄而蜿蜒，两边都很陡峭，穿过东弇山后，涧水连接到弇山园北面的广心池。山涧弯曲几乎有百转，即使是鱼游进山涧来，几乎都找不到出去的路，故而这条涧叫“留鱼涧”。春天山花飘落的时候，留鱼涧水面上的落英几乎也是流不出去的，因此也叫“留英”。

这条幽深的小径在涧水的边上，石头嶙峋，路面又陡又滑，起起伏伏的，没有设台阶，非常难走。向上攀爬，人们要牵着衣襟互相拉着走，两人手一松开，就可能会摔一

留鱼涧场景示意图

跤；向下走，小路很陡很狭窄。两人太近，一脚迈出，可能要踩到前面人的衣襟。山涧就是这样一条深深的小涧。一般的游人看这条路都发怵，可是有一些好折腾的家伙，就觉得这条路攀上爬下很痛快。

在这条深涧中曲折起伏攀爬，到了尽头，在能看见广心池那个大池的时候，路却断了，前面都是水面。水中间有几块大石头，人们必须从石头之间跨过去，才能够跳到大池的岸边。古代的人如果穿着长衫，跳跃时必须撩起长衫衣襟，故而这里就叫“振衣渡”。过了这些踏步石就进到一座亭子，这亭叫“敛霏亭”，在广心池的东端。

振衣渡场景示意图

形的条件：土石山，北接大池，山有峡谷涧水。

形的设计：

1. 留鱼涧：涧深而曲，径随涧势，险而奇。

2. 振衣渡：山穷水宽处，眼前明亮开阔，脚下却更险。

眼之所见，有深暗窄曲和平宽明旷两种水景，互为反衬。

而径在脚下，体验都以险奇贯之。

弇山园 | 敛霏亭 先月亭

「斂霏亭」者，遥與「先月亭」對，蓋「西崦」之落照歸焉，故名；亦取康樂語也……其左旁「廣心池」，一草亭當其址，夜月從東嶺起，金波溶溶，萬穎注射，此得之最先，名之曰「先月」。

——王世貞《弇山園記》

敛霏亭　先月亭

从留鱼涧出来，跨过振衣便渡到了敛霏亭。敛霏亭位于广心池的东岸池边上。广心池很大，池的对面（西边）有一座亭与敛霏亭相对，那是“先月亭”。“敛霏”的意思就是将晚霞收纳进来。池水倒影也很可观，敛霏亭是看晚霞的佳境。傍晚从亭子向西望，西弇山、先月亭远远地隔着水面，后面是落日晚霞染红的天空。先月亭在广心池的西岸，月出时分，从先月亭向东看，夜空之下，大池沉静开阔，对岸是东弇山幽暗的轮廓，敛霏亭在水边，月出东山，清光一片，近处的花，空中的月，水中的影，景象优雅美好。

这两个亭子隔着大水面，互为对面月出日落的衬景，关联东弇山和西弇山。这是弇山园北面的园境组织，隔着大池东西有亭相望，互为对景。

敛霏亭 先月亭 场景示意图

形的条件：大池。

形的设计：设亭以对。[1]

1. 东亭对西景，西亭对东景，东西二亭隔大水面而对。

2. 大园林中，不同的园境小区可以有大的景观组合。

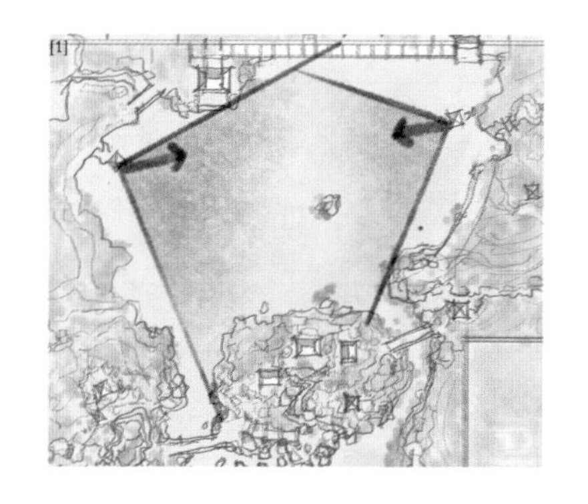

弇山园｜文漪堂 广心池 壶公楼

循（先月）亭而北，復爲石磴，大小數十峰，參差磊塊，以祖出山道耳。溪水隔之，橋其上，曰「知還」，取陶彭澤語也。已復橋，稍東爲「文漪堂」。堂俯清流，湘簾朱欄，倒景相媚，微飔徐來，縠文蕩皺，正值「中島」之「壺公樓」。夜分燈火相映帶，小語猶聞，何但絲竹，吾不知于西湖景何如？彼或以遠勝耳。

——王世貞《弇山園記》

文漪堂　广心池　壶公楼

广心池是大池，从东到西很长，从南到北略短。从西弇山经过先月亭去到池的北面，过桥后，有一座“文漪堂”。这座堂南面临着广心池水，堂有竹帘，有红漆栏杆。建筑与在池水当中的倒影相映。微风吹来，池水荡起细纹。

文漪堂隔池水向南对着中弇山山顶上的“壶公楼”。入夜的幽暗宁静中，建筑的灯火相映。时而听到对面人说话的声音从水面传来，轻声细语断断续续的。对面的人若在弹琴、吹笛，隔水的美感动人。园主说真不知道这样的景色比西湖有哪点逊色？也许西湖不过是更加广大而已。文漪堂是宅区的入口，傍晚，从内宅来到大池一侧，乘凉、聊天、赏月，此宅起居有美园紧随。

这便是文漪堂、广心池和壶公楼夜晚的美境。

文漪堂 广心池 壶公楼 场景示意图

势的要点：“对”。[1]

1. 文漪堂、壶公楼南北隔大水面而“对”。夜分灯火相映，小语丝竹相闻。

2. 南楼在高山顶，北堂在水边，高低近“对”。

3. 文漪堂水上实景与水中倒影也是一“对”水景倒影相融。

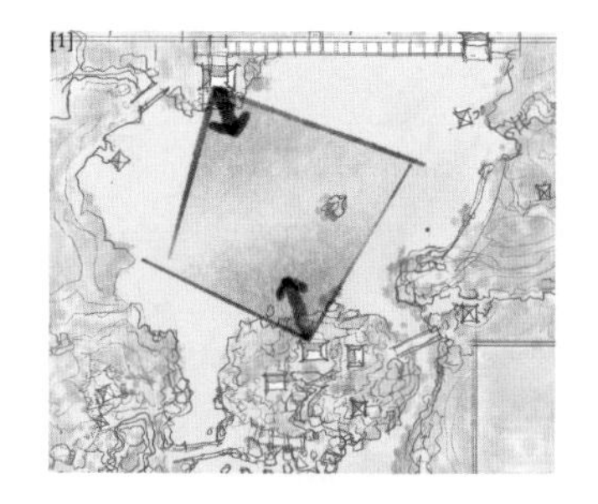

形的条件：大池，宅院在北，岛山在南。

形的设计：

1. 岛山山顶建壶公楼面北。

优点：山顶北望有佳处，水北南望有佳景。

2. 宅院墙外，建一堂为入口。

优点：

○墙外接堂临水，补宅居生活的观景之需，作用类似内室的阳台。宅外也可待客。

○与敛霏亭、先月亭的“对”略有不同。这是“近对”，很多细微的声音和倒影可以相通。敛霏亭、先月亭是远对，看云霞星月旷大的远景和园中山树亭子的中景，所以那两个亭的相对并不是特别地互相关联。而这里楼和堂的相对，因为近，融合得更细腻有韵味。

弇山园 | 凉风堂 藏书楼 振屧廊

出「文漪堂」，左折而入，得一門，曰「息交」，忽呀然哮豁，蓋廣除也。堂三楹踞之，殊軒爽，四壁皆洞開，無所不受風，間植碧梧數株，以障夏日耳，名之曰「涼風堂」……有樓五楹，藏書三萬卷，榜之曰「小酉陽」，今亦爲兒輩分去，存空名耳。樓之前，高垣，其下修廊數十丈，枕「廣心池」，即由「文漪堂」出「别墅」後道也。自「弇山園」而入者，至此眷眷不忍别；出「别墅」者，豁然若得天地，人人思振屧焉。名之曰「振屧廊」……廊窮爲門，曰「與衆」。折而北，復爲門，枕通流，榜曰「琅琊别墅」。稍東，度一橋，又東，則予今所作菟裘以居三子者也。

——王世貞《弇山園記》

凉风堂　藏书楼　振屧廊

文漪堂在广心池的北面偏西，堂的后面是一面长墙，将广心池的北面从西到东全部围满。在文漪堂后有一扇门叫“息交”。进入这扇门，里面是一带院落，那是王世贞一家在弇山园居住的地方。

有一处略宽广的平场，像一个小广场，中间有一座四面开敞的堂。广场上种了很高的青桐树，树下的广场很阴凉。四周的风都可以穿进堂中，非常凉快，这堂叫“凉风堂”。院子里曲曲折折，有各处生活的、读书的、会客的地方，也藏了很多名画、名帖和古董。

大院子往东有一座五开间的藏书楼，曾经藏书30000卷。这个楼的南面紧靠着长墙，长墙的外面临着广心池。

振屧廊场景示意图

墙外大池，平铺加廊效果一般

墙外大池，长廊架空效果有趣

从西边的文漪堂到东边敛霏亭那一带，沿高墙、临大池的是一条长长的廊子。这条廊子的地面是架空的木地板。廊子背靠着墙，架在水面上。人从廊子里走过去，鞋子踩在木板地面上有响声，廊子就叫作“振屧廊”。

到文漪堂的高墙大院，应该已经是游园的尾声，但是进入长廊，沿着广心池好像又豁然进入一个新的天地，所以也很令人振奋。廊子的东头，就通往弇山园的后门，出门稍微往北，便是王世贞三个儿子居住的地方。

凉风堂

形的条件： 大宅中间。

形的设计： 广台高树，建堂洞开。

优点： 荫凉敞豁，凉风随意流动于室内外。[1]

[1]

[2]

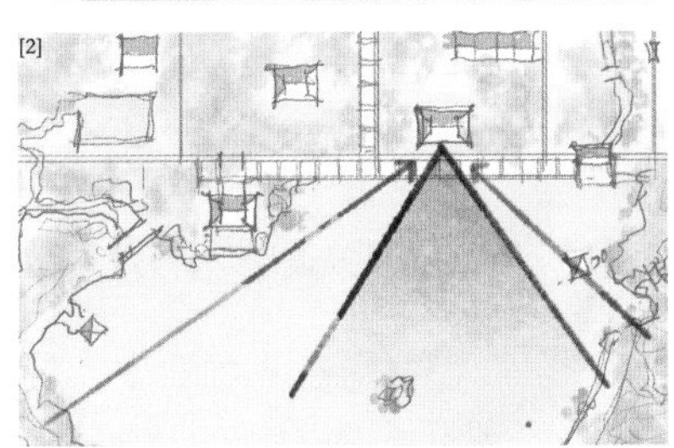

[3]

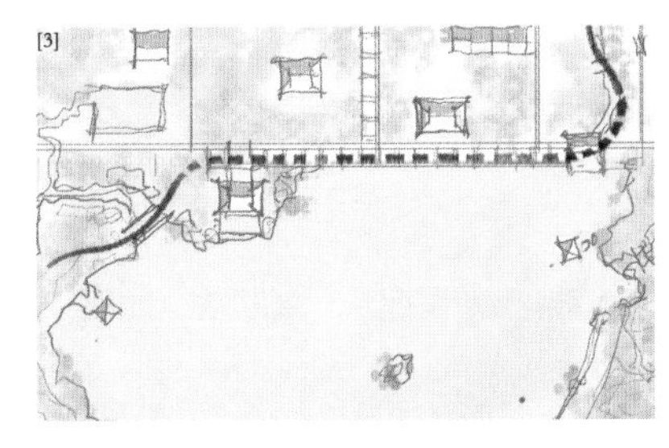

宅南

形的条件： 南为大池，北为宅院。

形的设计：

1. 长墙截然分隔。

优点：园对宅内不扰，生活安宁。

2. 内藏书楼高出墙上。

优点：从宅内有高处看园，从园看宅，长墙高楼活泼。[2]

3. 墙之外，贴建长廊临水。

优点：○形成独特游线。[3]

○墙长而实，廊长而通透，实墙后还有小楼高出，长墙组合较为丰富。

弇山园 | 总体分析

一、园的分期

园主一生有三段时期外出任职，其中有两段去职归家和一段归家丁母忧。弇山园始建于王世贞第一次归家赋闲的最后一年，他购地于隆福寺西，只建了藏经阁小祇园。园的兴起是他在第二次外出任职期间归家丁母忧时期。他购入大量花石，请张南阳在小祇园后叠第一座山，即中弇山，并完成了天镜潭。其后园主继续赴任四年，这四年，园的用地完成了西扩和北扩；园的营造完成了西弇东弇两山、广心池和北部宅院。待园主第二次归家赋闲时，园的格局已经完成。在兴建与扩建的过程中，园主无暇参与设计，山师为主管。张南阳山师在前，吴姓山师在后。

园的营造分为四期：一期小祇园；二期中弇山与天镜潭；三期用地西扩，建西弇山、弇山堂与园前区；四期用地北扩，建东弇山、广心池、北部文漪堂与宅院。

从格局看，园的中央是二大池，三大山。二大池一南一北，三大山从西南到东北斜布，中弇山在二池之间。除此之外，园的南区一带为入园区、小祇园、弇山堂，北区一带为文漪堂和宅院区。

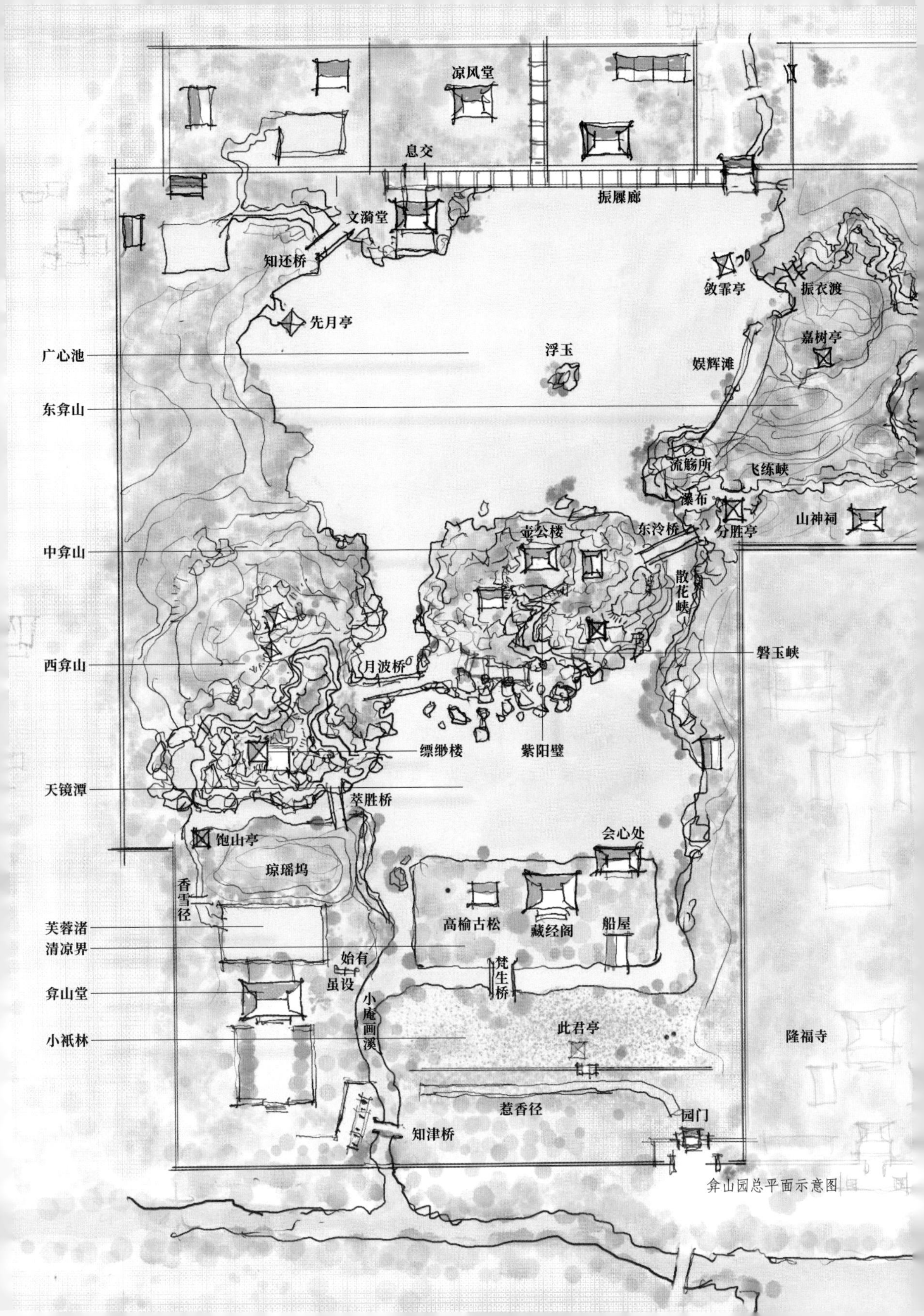
凉风堂
息交
振屧廊
文漪堂
知还桥
敛霏亭
振衣渡
先月亭
嘉树亭
广心池
浮玉
娱辉滩
东弇山
流觞所
飞练峡
瀑布
山神祠
中弇山
壶公楼
东泠桥
分胜亭
散花峡
西弇山
月波桥
磐玉峡
缥缈楼
紫阳壁
天镜潭
萃胜桥
饱山亭
会心处
琼瑶坞
香雪径
芙蓉渚
高榆古松
藏经阁
船屋
清凉界
始有
虽设
梵生桥
弇山堂
小庵画溪
此君亭
小祇林
隆福寺
惹香径
园门
知津桥
弇山园总平面示意图

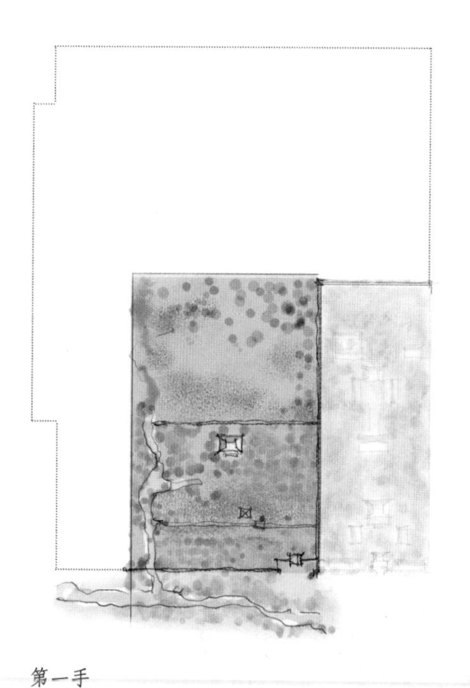

第一手

第二手

二、境的生长

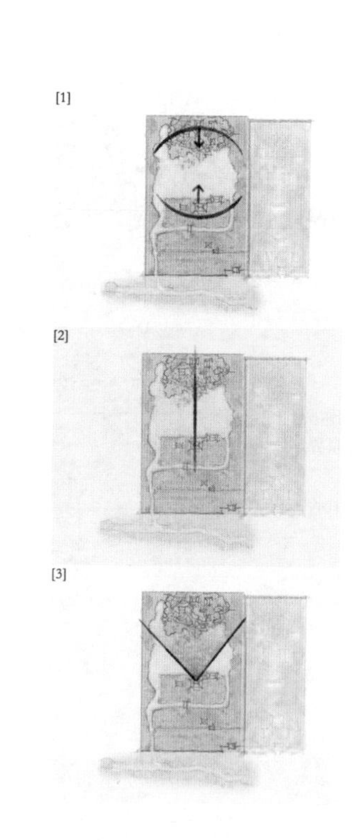

园的兴建并没有整体规划在先，而是边建、边扩、边设计。园的营造如下围棋的先后手，后手要与先手应对。应对得好，整体格局渐渐形成，有趣的园境迭出。如果应对得差，会散乱而不成好局。弇山园四手棋局如下：

第一手：建墙围园，在用地偏南竹树林中建藏经阁，园林全无设想。

第二手：张南阳叠中弇山，山址抵近北地界，与藏经阁之间尽可能拉开距离，之间设天镜潭水面。

这一手，境的生长有四：1. 形成阁与山隔水而对的格局，二者互望得趣；2. 天镜潭获得前阁后山的围合，形成中心地位；[1] 3. 阁—池—山系列，标示出了园的中轴线；[2]

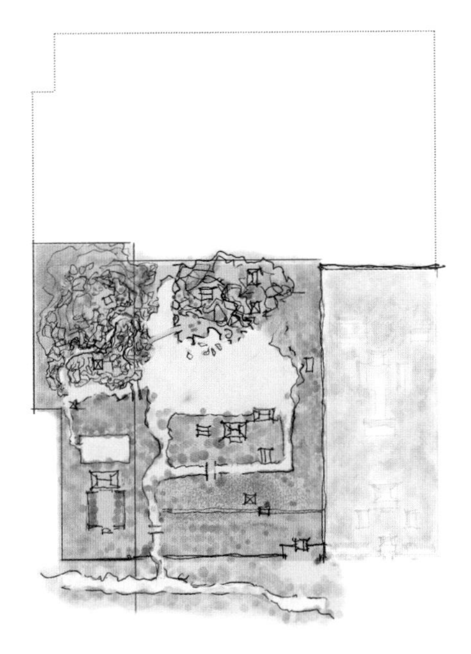

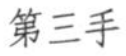

第三手

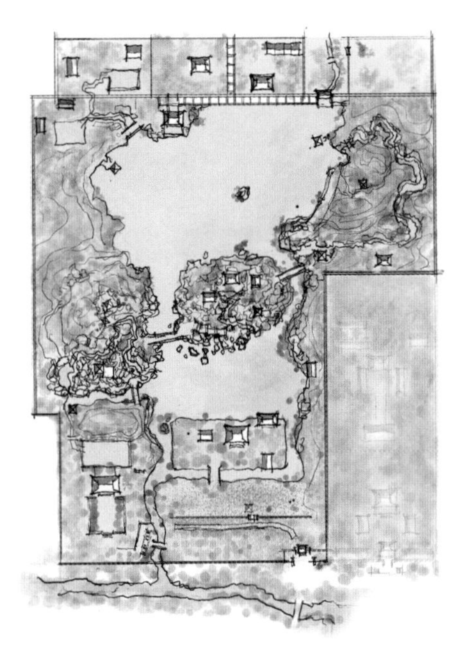

第四手

[4]

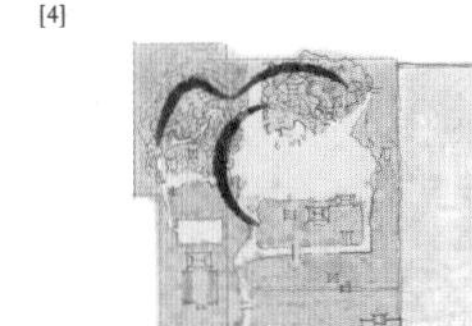

[5]

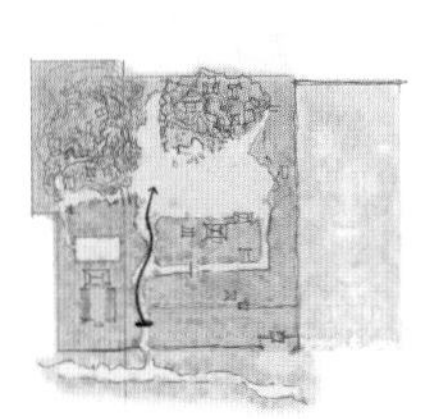

[6]

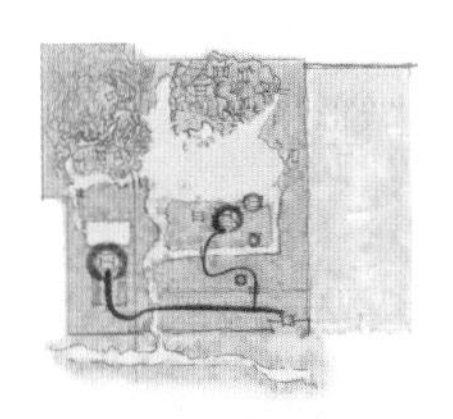

4. 阁之后从原本沉闷的端头，生长成通透幽雅的临池对山佳境。[3]

第三手：用地西扩一长条。大部建西弇山，南部建弇山堂，园南部整饬入园路。

这一手，境的生长有八：1. 西弇、中弇两山形成连绵之势，互相映带；西弇山佳境频出，山之大势已成。2. 天镜潭西部被西弇山围合，成山间潭水，中心性更强。[4] 3. 弇山堂与小祇园两区的边界结合部生长成小庵画溪，景色自然、优美；架桥渡溪，林木掩映，向北可见天镜潭。[5] 4. 入园路穿过花圃、果园向西延长，去往弇山堂，小祇园原为单路线的端头，现成为入园长路的一个旁支，如长藤挂果；顺藤而游，层次幽深，佳境通透。[6] 5. 水系穿入小祇园内，分出高榆古松区，跨水建桥，空间分前后两块再连接，有层次。6. 水系绕高榆古松区，使成为水中岛，增加独特性。[7]7. 在轴线和中心之外设曲折路径、曲折水系，园境细节获得生长。[8]8. 入园路循弇山堂与西弇山开辟，曲折多姿，各点互望成趣，设萃胜桥可观中心池和周岸景色。[9]

[7]

[8]
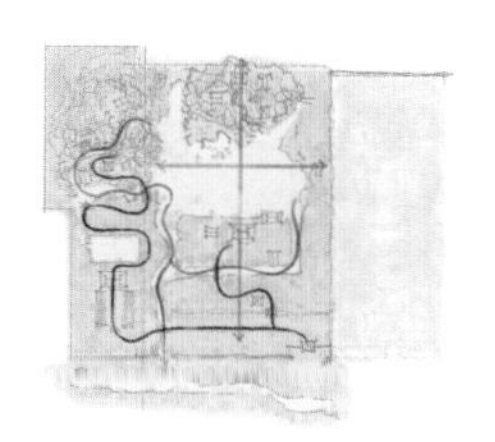

[9]
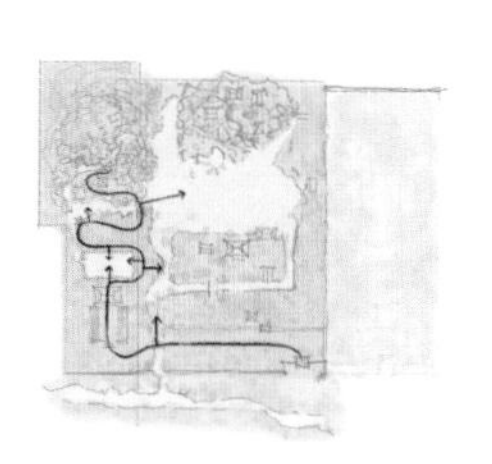

第四手：用地大幅北扩。建东弇山、广心池，北部文漪堂、宅院，西部土岗，中弇山建壶公楼。

这一手，境的生长有六：1. 形成前潭、后池的全园新的整体大格局。两大池区以山体相隔，又被峡谷穿通；从以一池为中心变成三山二池组合；与常规的一池三山相比，更加大气，山池交织格局独特。这样的山池格局，完全是独特的分期建设之结果。山池格局空间更深广，层次更丰富。[10]2. 中弇山从池岸山变为水中岛山，大池有中心，景象有趣。[11]3. 中弇山加建的壶公楼与文漪堂隔大池相对成趣，轴线延伸。[12]4. 两大池之间前后勾连，形成峡谷山涧、散花峡和瀑布景

[10]
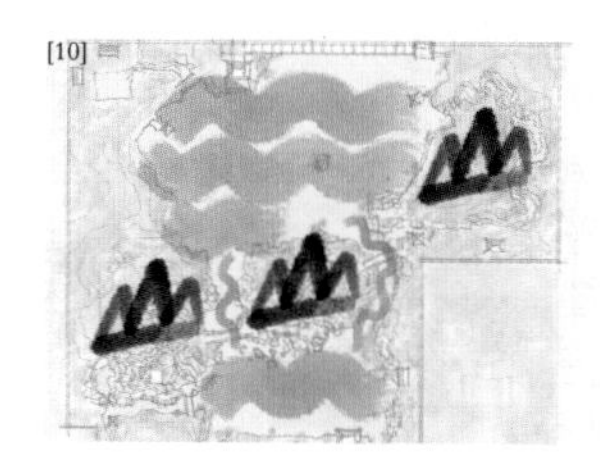

[11]
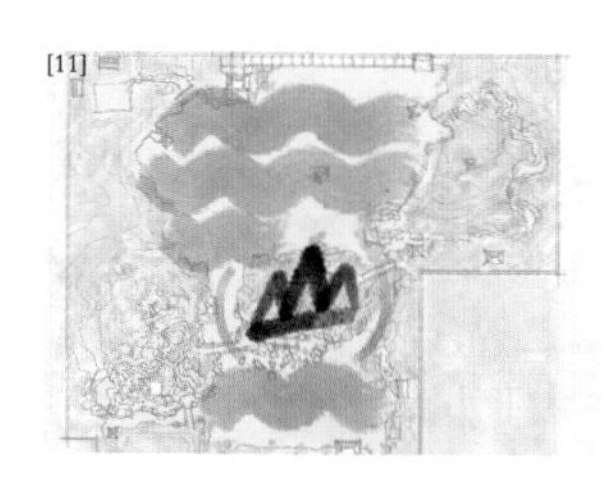

色组合完成。[13]5. 大池东岸、西岸相对，形成远景对望的组合。[14]6. 东弇山向着中弇山设小岭种植花树，从中弇山壶公楼看，窗外花色灿烂夺目，细节衔接成趣。[15]

可以说，第二手是加中轴整合式，第三手是围中心加丰饶式，第四手是多联组合加丰饶式。

境的生长，是古代园林营造的重要方式，生长的思路和效果各不相同。弇山园文献丰富详细，追寻分析可以窥见境的生长过程。

境的生长，应该作为我们理解古典园境创作的一个视角，很多园林都有境的生长现象。

本书的寓山园、北园、弇山园、吴氏园池、筼筜谷、西佘山居等，从园记中都能看出园境逐渐生长的端倪。

三洲则在园记中还写了未能实施的营造设想。园记所记，是一个时期的切片。园境处于变化过程，会生长，也会病弱、损坏、衰老。

[12]

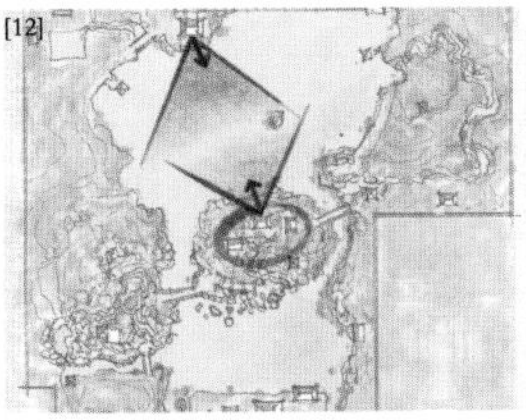

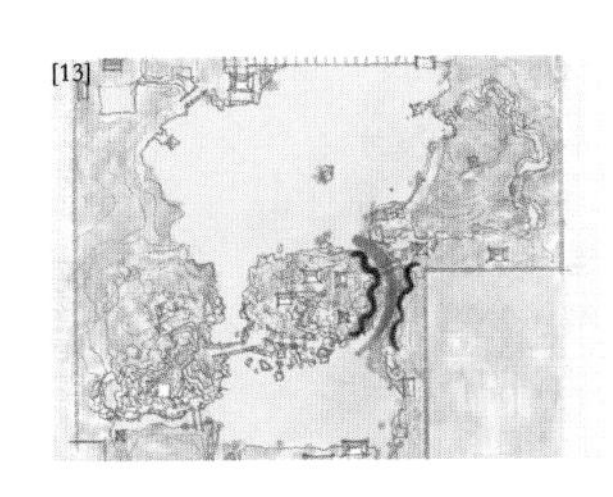
[13]

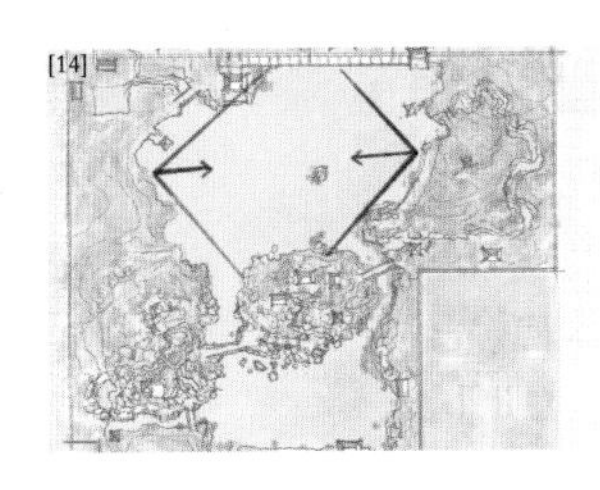
[14]

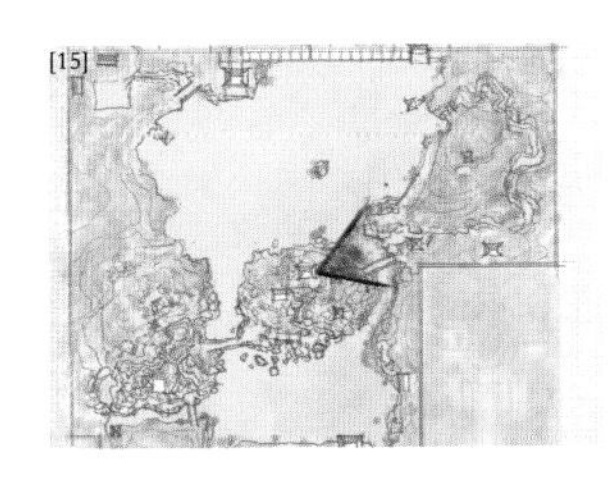
[15]

三、叠山

张南阳是明代著名叠山师，日涉园园主陈所蕴曾为他写传，以弇山园和豫园标示他的成功。张南阳叠山虽然很多，其创作顶峰应该就在弇山园，因为这是难得的大园林，好石极多，园主财力雄厚，又放手让他主管。上海豫园园主虽然财力也雄厚，但叠石时间靠前好几年，山师功力可能未达最佳。从潘允端自记的《豫园记》看，以及从现存豫园中的大假山看，艺术水平一般。

弇山园叠山，中弇山在前，西弇山在后。中弇山将王家世代积存的最好花石大半用尽，从水边到山顶到处是石峰，以象形为目标，其营造品味不高甚至令人生厌。中弇山整体形态比较拘束，空间紧迫，尺度过小，趣味点和变化明显局促。但西弇山，应是审视了中弇的不足而再造，叠山臻于成熟。

虽然西弇山叠山手法有许多在中弇山营造时已经试过，但是在西弇山营造时已有很大的提高：空间展开，松紧度把控得更好；手法拓展，相互掩映，叠加转换。景象变化丰富，手法多而巧妙，山势雄厚，山景左右迭出，连绵不尽。西弇山的整体和局部都达到叠石山的高水平，可称明代叠石山中最优秀的作品之一。

弇山园的吴姓山师，主持营造了第四期的东弇山。这是明代土石山中的优秀作品，园主对他的评价优于张南阳，认为用石极少而自然天趣极多。张南阳注重用石，注重山体的形状样貌和山内空间变化。吴姓山师注重空间态势，对自然的奇、野之趣、之势更为敏感，手法灵活自如，人工痕迹很少，更见其整体高明。中弇山顶的紫阳壁和小松，应该是吴姓山师的一处手法纯熟、品味高逸的叠石优秀作品，与紫阳壁连为一体的小院和壶公楼以及对近前东弇山的小岭桃花和远处北宅的文漪堂的景观照应，艺术水平令人惊艳。

四、巨丽　游乐

弇山园巨大而华丽，远过于大多数文人，其华丽体现在石山与大池。叠石山中有太多的象形设计，各种惊奇接踵而来，水岸也很可玩，花样很多而游乐趣味充沛。园宜游乐，不宜静赏。园主敞开前后大门，来者不拒。于是这华丽大园吸引了无数游客入园游观，基本上成为游乐公园，园名远扬。不多年，主人本人也略感厌倦，设法躲避以求清净。

明代造园并不都是追求清幽素雅，有不少园境用来娱乐，也有园境追求金碧辉煌的富贵气。中国古代，在山林美境中宴乐，是达官贵人的一种时尚。明代，园林代替了山林，同样被用于各种娱乐活动。明代弇山园可以作为园林巨丽、开放、游乐的一种代表。

王世贞后来说，中弇山完成后，本来要在西面做土岗临池，与中弇山相映带，余地做果园菜圃，种竹林，林中建屋以寝息。但是王世贞做官外出，张南阳主持将西面建了比中弇山加倍大的大石山，园境走向由此不同。张南阳作为设计者和匠人已很优秀，但是园的文人气息的确不足。

澹圃

园境·明代十一佳园 | 第四园

田野耕读　洒脱自在　清雅

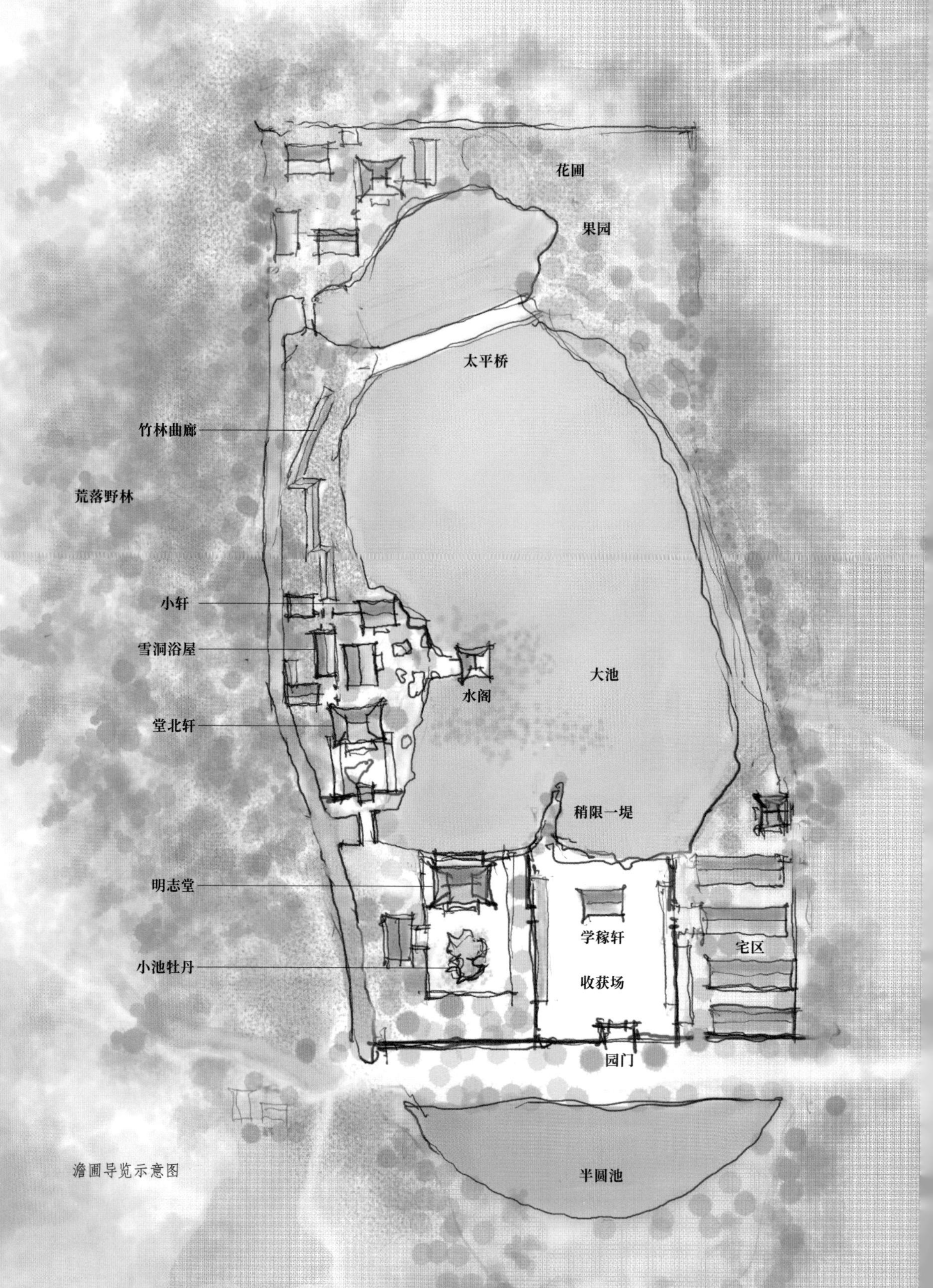
花圃
果园
太平桥
竹林曲廊
荒落野林
小轩
雪洞浴屋
水阁
大池
堂北轩
稍限一堤
明志堂
学稼轩
宅区
小池牡丹
收获场
园门
半圆池

澹圃导览示意图

澹圃位于江苏省太仓市，园址选在太仓城西南的疏朗田野农家之间，地势平坦。园的设计塑造了一组农耕的园境，又塑造了几组精美优雅的书香气息的园境。两类园境错杂，散布在似乎随意的环境中。但它不是简单的田园中的园林，应该说是一个“亦耕亦读”场景的园林。澹圃是文人园林对耕读美境的一个创作。

澹圃｜园的故事

澹圃位于江苏苏州下辖的太仓城。太仓城内，有王世贞的弇山园。澹圃的主人就是王世贞的弟弟王世懋，澹圃的位置也在弇山园附近，但澹圃与弇山园的特征显著不同。如果说弇山园呈现出豪华的园林特征，那么，澹圃则恰恰相反，它呈现更多的是朴野、清雅和随性自然。兄弟二人各自园林的特征差异也体现出了他们对现实生活的不同感悟。澹圃园境有它独特的设计思路和不同的艺术风格。

园主王世懋，字敬美，自幼聪敏过人，嘉靖三十八年（1559）进士，官至南京太常寺少卿，以诗文见长，喜好园林山水，是江南名士。《园境：明代五十佳境》中的江苏溧阳彭氏园，是王世懋为它写的园记；而王世懋的澹圃，是王世贞为它写的园记。

王世懋辞官归家以后，没有合适的地方居住。王世贞的离薋园，周边环境嘈杂，而弇山园又太华丽，游客太多，两处他都不喜欢。后来他找到太仓城西南角一块地，北面距弇山园只有半里，南面400多米处有一座“恬憺观”，南、北、东三方都远离市井地。用地的西边，一片野林无主，特别杂野荒落。园地周边是沃野农田，稍远处有一些农家村落，树木和竹林丰饶，王世懋说这地做园居太好了。他用了不到一年的时间，就建成了澹圃。据推测，澹圃的建园时间很可能在1582年初，同年11月之前建成。园的面积约为弇山园的六分之一，园境空阔疏朗却胜于弇山园。澹圃的造园师值得关注，在《园境：明代五十佳境》中，介绍过弇山园先后有两位叠山师，一位叫张南阳，一位是“吴姓山师”，吴姓山师为弇山园设计了东弇山和广心池等北部区域。弇山园山于1576年由吴姓山师最后完成。

《澹圃记》中记载，王世懋找来园林工程的头领并嘱咐他：千万不能像你搞弇山园那样造我的这个园，如果做得像弇山园，那你就搞砸了。很可能澹圃找的也是吴姓山师。从澹圃的设计反观，也像是吴姓山师的品味。王世贞在《澹圃记》开篇即强调，澹圃是王世懋“手创”。看来园主应是深度参与建园过程，甚至处处都给出自己的“创作”要求。王世懋的澹泊性情和别致品味，与吴姓山师造园的洒脱自由应该十分相配，园主和“主事之人”一定是合作顺畅。

澹圃建于平地，园中却完全没有叠山或者堆土造山，只有几处点缀了好看的石头，这在明代园林案例中比较独特。王氏家族虽然有可观的花石收藏，但已经集中用在弇山园的叠山之中。澹圃则完全摆脱了造园首先要叠山的窠臼，它少用花石，少有建筑。这肯定节省了大笔造园的费用和工期。同时，园境呈现出新颖的状态，园主和造园师不拘一格的艺术构思、反差转换的洒脱布局，还有具体入微的精妙处理形成了特别的意趣。我们姑且认为这是吴姓山师的又一个作品吧。

园记最后，王世贞在文中自问：为什么称为“澹圃”？他说，我曾经在深秋游园，园中百草枯萎，树叶凋零，看起来沉闷黯淡，这番景象说是“澹”还比较合适。可是春夏之间，万物复苏，各种花开浓艳鲜丽，房屋长廊婉转幽深，庭室精雅，陈设了名贵珍宝和古玩，这景象怎能称为“澹”呢？

然后他又说，不对，用“澹”的景象环境来触发“澹”的心绪，这种依靠景象环境来左右心绪的“澹”不是真的“澹”。我这个弟弟敬美，知足而少欲，自小就如此。我做官回来，发现他的知足少欲就像儿时一样，并没有改变。他去做官，身处殿堂，执掌过无数的权力和财富，但始终遵守为官的规矩，好像那是他天生的品质。对于官职他一再推辞，好像天生就不属于自己。这些都是他与生俱来“澹”的品性。敬美的澹圃，是以“澹”的内心来统领园林，而不是用园林来左右心绪。

澹圃 | 收获场 学稼轩

前門鑿池半規，衡可二百赤，縱不及衡者過半。藩以石欄。其赤（「赤」疑爲「左」）視衡木，故而喬新植參之，清蔭森然。其右浚長溝，可四百赤。抵圃之北。不盡者五十赤，高榆外植，佐以叢筱，自然儲胥。入門則蒼莽若廣莫，不棨不階，築之馮馮，以爲收獲場耳。軒三楹踞焉，僅脱茨而已，扁之曰「學稼」。敬美每至耕時，則先其家衆行課耕，坐池上，課婦子挈壺杯而餉作勞者，已取其余酒食與余暨兒子輩噉之，聽吴歌甚樂也。當獲時，坐「學稼軒」，其餉作勞與余輩噉余酒食，聽吴歌如餉耕而加樂，曰「亦足以酬老農矣」。

——王世貞《澹圃記》

收获场　学稼轩

园的门前，开凿一个宽达60米的半圆弧形的池塘，用石栏杆拦着。用地东面有旧的木围栏，有新种植的、参差的乔木。园东界一带清荫森然。园的西边紧邻杂林灌莽，开浚一条400尺长的沟渠，沟渠直抵园的北部。

北面剩余50尺边界的外面种植高榆树，配植绿竹林，形成自然的藩篱。南面是园门，进门是一个方方的夯土场地，没有任何装饰，光秃秃的，也没有树木花草。场地中间有一座土坯茅草房，墙面粗糙，甚至没有涂刷。但这也是“轩”，其上有一块匾，写着“学稼轩”。

广场左右两边围以土墙，沿土墙的是廊庑。每年春耕开始之前，园主召集周围的农家，坐在学稼轩后面大池边，来筹划这一年春耕的事情。到了中午，农家妇女带着孩子们，拎着饭菜和汤水聚到这里。大家取出各家的食物，一起在这儿吃饭，高兴起来就唱歌，之后便一起春耕。

园门前池场景示意图

秋收之后，一年的农事基本完成。园主这时候又召集各农家在这里聚会。园主会拿出他家的酒肉，妇女们也带来各家的饭菜。在这里大家边吃边喝边聊天，如春耕时一般唱起吴歌，来酬谢自己一年的辛苦。这个方场叫“收获场”。

收获场场景示意图

势的要点：端正、粗拙。

形的条件：入园正中，后有大池。

形的设计：

1. 规划成方场，左右用土墙界定。

优点：有形式感，外有围，构成对称大空间。[1]

2. 方场中建土坯草房。

优点：○大空间有中心建筑，对称格局有了轴线。

○划分出前场、后场，后场临大池。[2]

3. 左右土墙加廊庑。

优点：○强调了左右边界，考究。

○大空间有了下一层的小尺度半遮蔽空间，丰富，宜人。[3]

4. 完全用粗拙的方式建造，绝不修饰。

优点：格局讲究，但是建造朴拙，形成反差，彰显“澹”意。

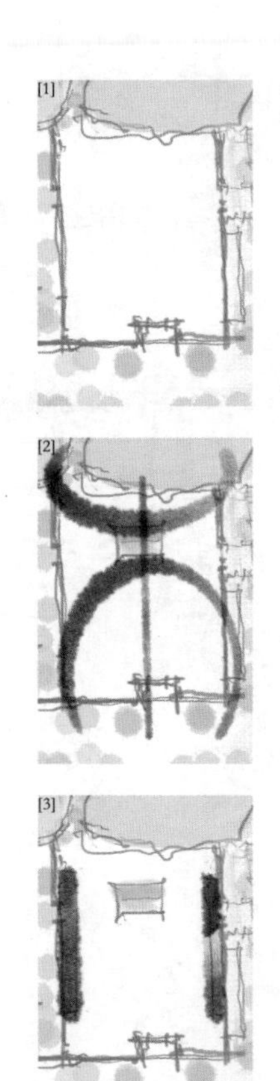

澹圃｜明志堂

左廡啓雙扃而入，精廬凡四重……右廡如其左，啓扃呀然而寥廓。平臺之前爲小池，壘石因之，以滋牡丹。紆徊下上，其萼畢見。中爲堂，雖僅三楹，而極軒敞宜暑，無所不受凉。中設石屏、几榻、琴書、觴奕之類，整静就理，名之曰「明志」，取諸葛武侯語也，蓋亦名圃意也。後枕大池，與學稼軒共之，而稍限以一堤。

——王世貞《澹圃記》

明志堂

从收获场东边的廊庑门进去，是园主居住的地方，四排房舍，北有楼阁。房院的高矮、宽窄恰到好处，很舒服。

从收获场西边的廊庑一开门，里面空间靓丽宽敞，令人惊讶。平台之上有一座小池，池水很清，依着池边有精致的叠石与小池相配。叠石上下种了牡丹，小池的水可用来浇灌这些牡丹。牡丹长得滋润，高高低低地在叠石上迂回，贴近欣赏，可以看到花叶精致娇妍的脉络。

平台上是一座堂，只有三开间，但是非常轩敞高爽。这座堂叫“明志堂”。它前后都有门窗可以敞开，最适宜夏天停留。周边不管哪儿来凉风都会穿过明志堂，这是最凉快的地方。堂的室内有玉石的屏风，有精细雕饰的木榻，有茶几，有棋坪，窗明几净。明志堂，取诸葛武侯“非澹泊无以明志”之意。

明志堂前、后剖面示意图

小池牡丹场景示意图

堂后，临着一个很大的水池。堂的前边是平台、小池、牡丹，堂的后边是大池塘。堂前台为平台，堂后池为大池，室内高爽，装饰精雅，窗明几净。每到花开的时节，园北端花圃养育的花都会陈设在明志堂的平台上。多的时候有上百盆花卉，连牡丹都被这气势盖下去了。

形的条件：

1. 东为收获场，有墙廊相隔，有门相通。

2. 北有大池相连。

形的设计：

1. 铺设平坦石台。

优点：○精整宽大明亮。

○与大池相接，平旷之势增强。

2. 台上设堂。堂应是构架高大，窗牖多而窗棂精细。

优点：○堂特别高爽开敞。

○夏日凉风可从池到台四面穿通。

○整体景象显得高敞雅致灵透。

3. 设小池、小叠石、牡丹络石于平台中间。

优点：景象成对，建筑花石都显精致优雅。

专论 | 明志堂方位光影分析

“启扃呀然而寥廓”，进入明志堂区景象明媚惊人，体现了开门“突然呈现”的转换的效果。

打开门窗忽然见大空间的案例，有弇山园小祇园藏经阁楼上北窗、中弇山壶公楼北窗等案例，设计要点是将开阔旷远的空间放在相对很小空间的门窗之后突然呈现。但是明志堂案例左场右园两个都是中等大小的空间，空间尺度没有形成反差。

明志堂在西，启门人从东面向西面看，这种方位关系影响独特，值得分析。

1. 从东向西进入。午后到黄昏的阳光使景物多是侧逆光、逆光、侧光，绝少大平光。堂区小池、奇石、牡丹花，还有树木，都会呈现出独特的美好光影，让人感觉特别明媚艳丽。

2. 如果门在东偏北，堂区在西偏南，这种情况更佳。

3. 如果堂区之西有成片的树荫或建筑暗影，作为逆光暗背景，堂区地面明亮与西面逆光树木就构成明晦反差，以及微妙反光而丰富动人的环境。

4. 有了明晦背景，其间处于侧逆光的景物，其形其色都会细致而鲜明地表现出来。

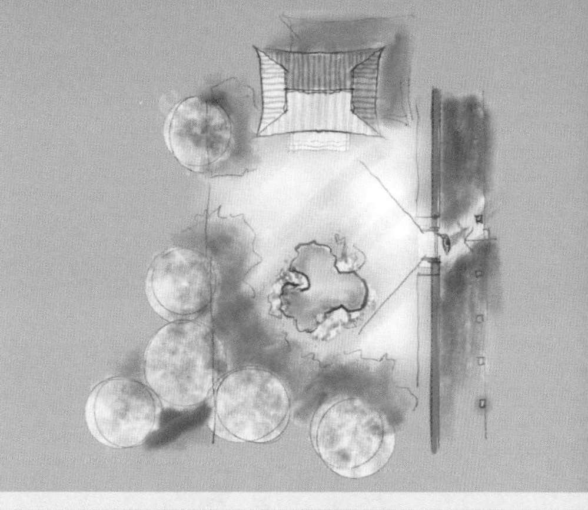

明志堂与寄畅园入门向西平面场景对比示意图

从东北进入，向西南看，景象动人。

5. 廊庑设置有特别的助攻作用。门墙之东设置廊庑，会对堂区产生两种衬托：一是入门之前廊庑空间围合较低矮，衬托堂区空间的自由高旷。两个院都是中等大小，之间设置廊庑这样的低小环境，进出往来都提供了很好的衬托。二是入门之前廊庑阴暗，反衬出堂区的明亮。这两种衬托，是全天候的，即使在阴天也能达到园境转换和衬托的基本效果。

澹圃｜稍限一堤

（堂）後枕大池，與學稼軒共之，而稍限以一堤。堤植雜果樹，鳧鷖鵁鶄時時所托，址亦一觀也。

——王世貞《澹圃記》

稍限一堤

明志堂后边是大池。池很大，明志堂东边收获场上的夯土建筑是学稼轩，轩的后边也接近大池。两处截然不同的园境，在大池边相邻，可以互相望见。这种设计用了一段短堤坝来稍微区分范围。

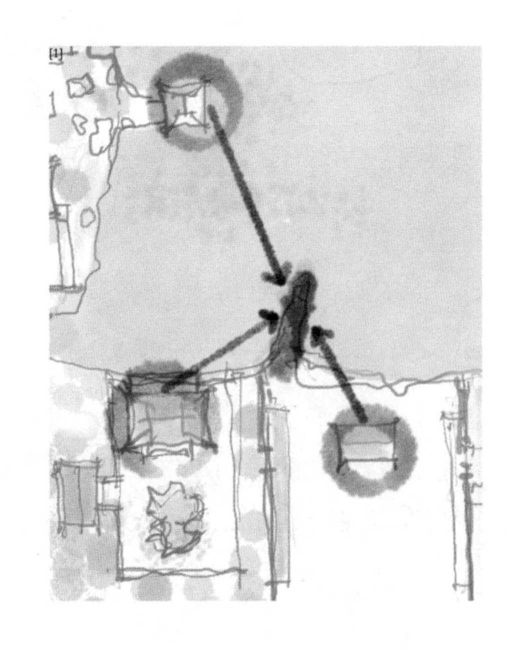

这个堤坝伸进池水，但是只有一小段就结束了。堤坝上种了果树，看起来像是狭长的绿树成荫的池中半岛。有很多漂亮的鸟儿聚集在这个堤坝，在绿树林中做窝。鸟很多，风景很好。

稍限一堤场景示意图

形的条件：大池，堂、轩近邻，会互相看见，需要隔开。

形的设计：

1. 池中做短堤坝，堤坝上种树，形成视线阻隔。[1]

优点：○收获场、明志堂互相看不见，显得分隔自然。

○大池一池二用，很好地形成了堂后大池和轩后大池。

○大水面依然完整，短堤更增加水岸变化。

○植树形成水中倒影，水景更丰富明媚。

2. 堤上种植为果树。

优点：○果树可吸引鸟类觅食，树上可供鸟类筑巢，树下可供鸟类庇荫休息。半堤有鸟往来，更为有趣。

○因果关系：（1）问题：要隔。（2）办法：做短堤。（3）机会：可种果树。（4）结果：引鸟食住，鸟乐而人喜。

澹圃 | 堂北轩 水阁

其北渡小平橋，入一門，武康石高四尺余，絶類中山雪浪，差黑耳。中爲靖，以奉觀自在及朱真君香火。循左廊折而北，爲小軒，中除迭數峰，皆靈璧英石，奇峭百狀，鬒而澤可鑒也。又折而東，穿水閣，尤麗。三方皆池，菡萏千柄，媚色幽芬，逗人眼鼻。間繇水閣而北，稍西復得一軒。

——王世貞《澹圃記》

堂北轩 水阁

明志堂之后有一座小桥向北进入一个小院，院中立了一座武康石，石头上的孔洞凹凸变化简直像雪浪翻飞，只不过是黑色的。院中小庙供奉着佛教观音和道教的太上老君。沿西廊往北去，那里有一座小轩，轩前平台的灵璧石和石英石晶莹剔透，像镜子一样光亮。从小轩再往东，来到大池旁，池上是一座水阁，它的三个方向都是池水。池中多荷花，景象佳美，荷气芬芳。这是这一区中最美的建筑。明志堂后面，小院小轩内向，幽深宁静。东去水阁三面环水，开阔旷朗。

堂北轩 水阁 场景示意图

澹圃｜雪洞 浴屋

尋復過曇陽靖，折而西得暖室者二，雪洞者一，浴屋者一，皆小而精。中多貯三代彝鼎、孤桐浮玉、大令名墨、中散酒鎗之類，敬美恒以暇日焚香，蕭散其間，卧起師意殊適也。

——王世貞《澹圃記》

雪洞　浴屋

从水阁小轩小庙这一组院落向西，紧靠在林中的是几间小屋。两间"暖室"，一间"雪洞"、一间"浴屋"，又小又精致，应该都是围合得很紧密的小房间。室内陈设了名贵的古玩，有秦汉的青铜鼎、焦桐的古琴、王献之的墨宝和嵇康的酒杯之类。

王献之，是书圣王羲之的第七个儿子，与他的父亲并称"二王"。王献之少年时就负有盛名，性情放荡不羁，史书称他"风流为一时之冠"。他对书法用功精深又勇于创新，他的书法豪迈俊美，进一步转变了汉魏古朴的书风，被称为"破体"，对后世影响很大。嵇康是魏晋时期竹林

雪洞 浴屋 场景示意图

七贤之一，他自小任性自行，博览群书，信奉老庄，嗜酒放诞，于音乐、文学多方面都对后世有影响。

王氏家族收藏珍贵古玩的藏品，园主将他们陈设于“雪洞”“浴屋”之中。空闲的时候，他们经常在小室中燃一炷香，把玩古物，思接古今。这一角僻静处最适宜园主消闲。

园林深处设一个严密围合的小建筑，将那里陈设得精致宜人，得以获得远离尘世的宁静。

过去的私家园林遗存至今便成了公园，虽可去游览，但很多原来园主追求的趣味，我们难以体会了。

澹圃 | 竹林曲廊 平桥大池

由東，後小軒，傍啓短垣而出，是爲復道，修篁夾之，蜿蜒而北，高者出屋杪，下者如澗壑，風日獻伎，琮琤青葱，大抵皆傍池。池半而橫橋出，以通東果園。橋長可七十赤，廣五之一，每至落照時，暝色浮動，碧蘆紅蓼，自有漸無，人語鷄聲斷續于煙景間，徙倚以待東鏡之吐，潜穎入波，鎔金四注，驚鱗時響，纖玉騰躍，夜分愈闃寂，四顧泱漭無際，呼酒數行領之。却憶吴興于碧浪。湖子夜燒魚，搗洴薺，風物不异，覺彼猶爲一二釣艇所窺，不若此橋之更適也。

——王世貞《澹圃記》

竹林曲廊　平桥大池

从“雪洞”“浴屋”东出小轩，矮院墙有北门。出门接长廊，它萦回曲折向北。廊子有上下两层，被大片竹林相夹。上层高于竹梢之上，可以享受风日动于竹梢。廊的下层，在深幽的竹林中穿行。竹林青葱可爱，微风吹过，竹林发出轻盈的声音。竹林廊道大部分靠近大池的池岸。廊尽处，一条平桥跨过大池往东，通往东面果园。桥有20多米长，宽也有四到五米宽，是一座又宽又大的平桥。

每到夕阳落下余晖的时候，黄昏的暮色在水面浮动，水边芦苇的碧绿色、蓼花的红色在暮色中逐渐黯淡。周围人家的话语声、鸡犬的叫声，

竹林曲廊场景示意图

偶尔从迷蒙如烟的景色中传来。再往后，人声与和鸡犬声都静下来了。园主在桥上徘徊，等着东方的月亮出现。一轮明月升起，月光深深地潜射到水波下边，好像是融化了一池黄金在桥下。偶尔，水中的鱼似乎被月光惊觉，跳出水面。夜半之时，桥上愈加宁静，向四面看，水势浩渺，无边无际。

园主王世懋曾邀请他的兄长王世贞在桥上饮酒，酒过数循，他们回忆起曾经在湖州碧浪湖上赏月，半夜时烧鱼、捣荸荠的情景。但那里偶尔还是会有一二条渔船经过，而这里更加舒坦，目力所及的范围里，只有兄弟二人在月下饮酒谈天，非常安静。

平桥大池月夜场景示意图

势的要点：深密—平旷转换；入夜，寂静而辽阔。

形的条件：大池，池边竹林。

形的设计：

1. 建曲廊穿竹林。

优点：竹林深密，复廊曲折；风动影摇，深密而清幽。

2. 建长桥跨水向东。

优点：○桥异常宽大。人处于大水中央观景，空间开阔、水面灵动，有旷大之势。

○从深密突然转换为平旷，反差显著而触动人。

○黄昏、入夜，大水中央的大平桥，能有四顾泱漭无际的感受。

○桥在水池西偏北，向东南看月出，月与水面配合，景象最佳。

澹圃 | 总体分析

园的用地与周边：澹圃在城内西南角，远离市井喧嚣之地。用地为长形，东西宽70—80米不整，南北长约170米不整。它的南、东、北三向都是平旷的田野，其间点缀着庄户和疏林。园的西面是城墙内的偏僻荒地，野林萧森。

园的水面与地面：规划长团形大水面于建设用地中间偏东北的位置，将地面挤到边角上成为窄条。地面以长C型环在大池南、西、北三面。C形的南部分三段，东段与东面农庄农田相近，是宅院区；中段是入口和收获场，呈轴线对称状；西段是园林的

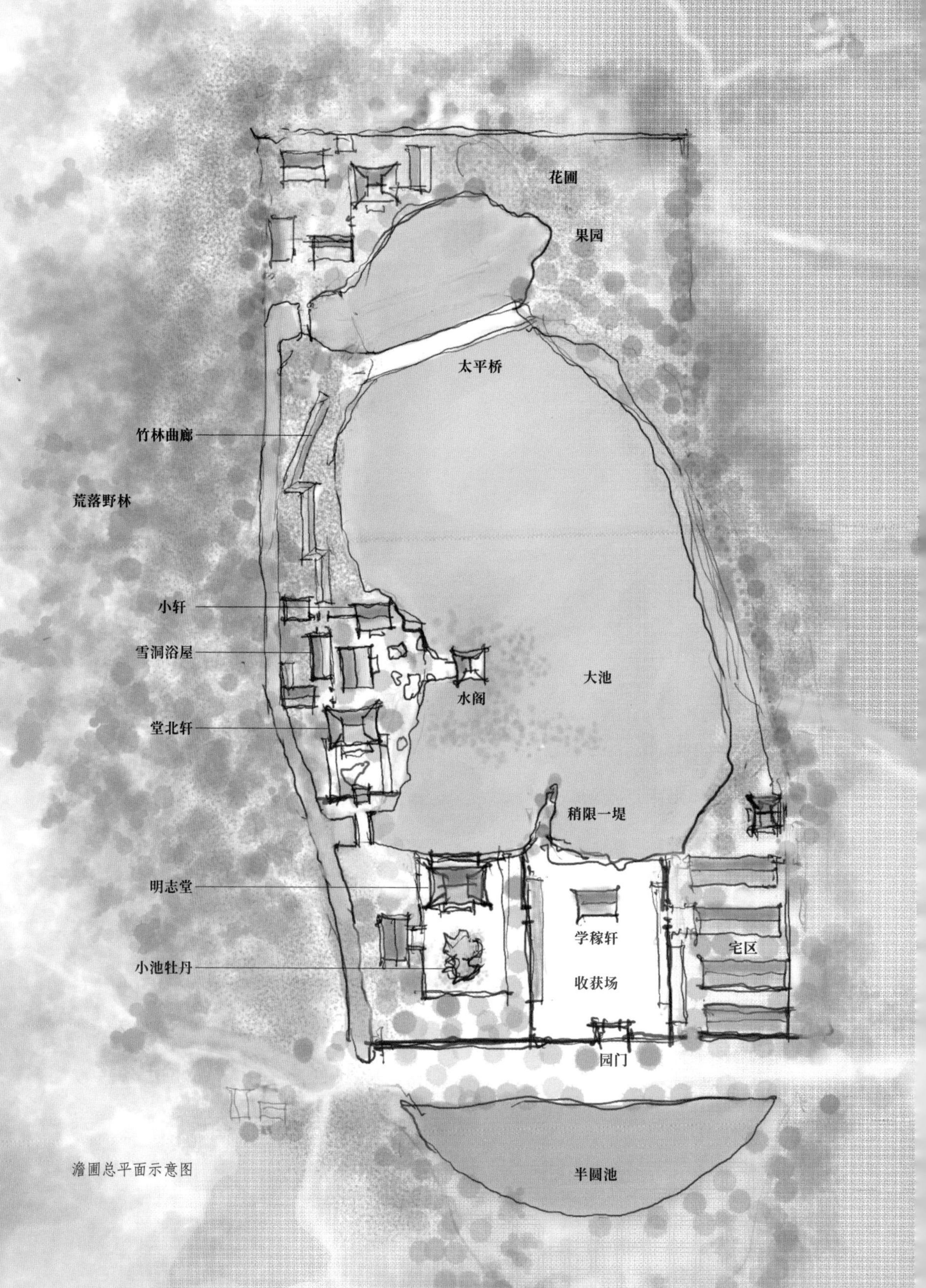
花圃
果园
太平桥
竹林曲廊
荒落野林
小轩
雪洞浴屋
水阁
大池
堂北轩
稍限一堤
明志堂
学稼轩
宅区
小池牡丹
收获场
园门
半圆池

澹圃总平面示意图

[1]

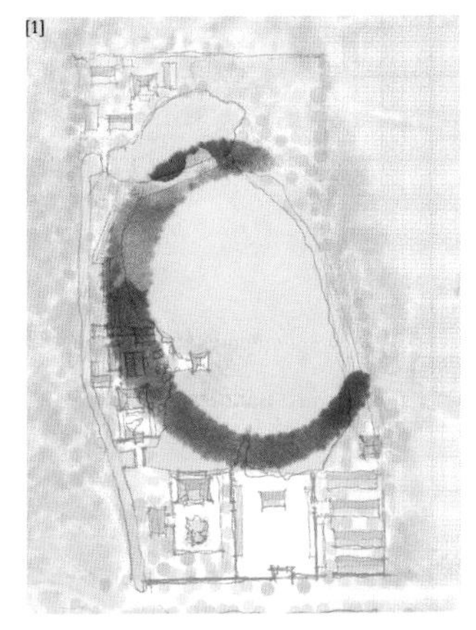

[2]

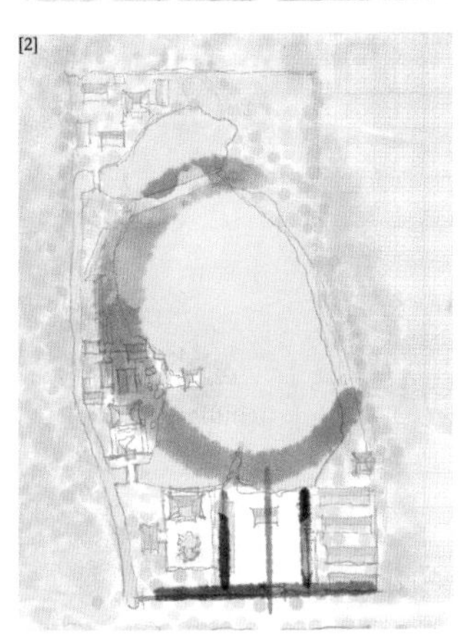

[3]

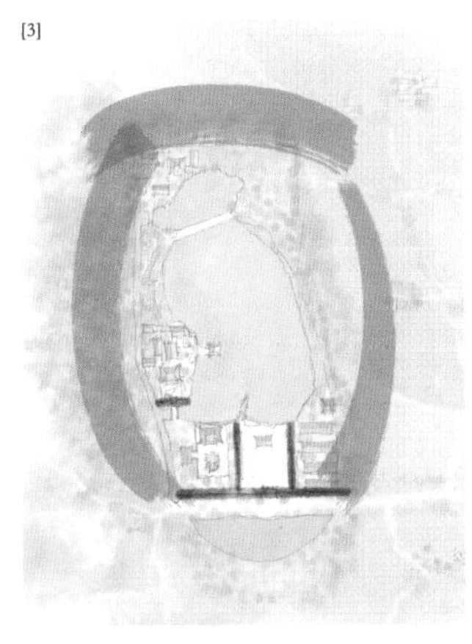

礼学区。C 形的西部是细长条，其西部与荒林野地紧靠，是园林的萧散区。C 形的北部是园林的林圃区。[1]

园的中轴：入口内为收获场，出人意料，刻意朴野。收获场的南、北两边都有大池景观，布局于园林中轴线，是周边农户为农事的聚会处。由此，园林与其外周大片农耕地区建立了关联，以不大的用地强调了躬耕在宅居和园林中的重要性。[2]

园的边界：东边界为断续的木栏，间以树木及池岸；北边界为果园花圃；西边界为长水沟及野树丛；南边界为墙。园避免有深宅高墙的硬边界，多用恰当的自然边界；园林内外景象有所融合，远看就如同从田野之中自然长出来的。园外周边特征向园内发送，园内境的营造与园外邻近的周边不同，但很相配。[3]

山石：园是平地园，却没有叠山，只有三处用少量上等的花石在庭院的建筑前摆放陈设。园不叠山，少却了山体的昂然壮气，也呈现了澹圃的淡泊气质。

庭院内的花石摆放与叠山不同，陈设珍

稀花石以装饰庭院为目的。庭院掇石在明清园林之中很多见，有的成组摆放，像缩微的群山，日本庭院园林中多是这样的掇石。再进一步的缩微，是缩自然山水植物于盆景中。这种盆景，在我国传统城镇的民宅庭院中成为最常用的陈设装饰。

水系：在用地中间的是一个自由形状的大池，大池直抵用地的东界，园主在园门前又做了一个半圆大池，又在园的用地西边开掘了一条水沟作为园林的边界，将园内与西面荒林加以分隔，同时连通水系。园的大部分用地都给了水面，其效果是，在荒僻的用地上，去除过多的粗野荒蛮之气，而引入了简洁明媚而又素雅的气质。

院内的墙：院内有三道主要的墙，收获场东西各一道墙，墙带廊庑；明志堂后进入萧散区设一道墙，门前与小桥相配。三道墙各设一门，都起到了截然转换园境的作用。其中从收获场向西启门而入，光景的反差十分有戏剧性，手法却自然而不露痕迹。[4]

西区：这条窄窄的用地，却有着来自东、西、南、北四边的景观禀赋。其东临大

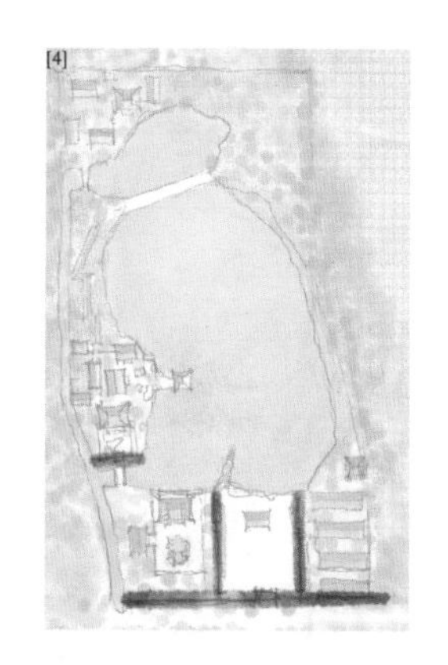
[4]

池，园主做成探出水面的水阁。其西界面对园外野林溪水，做成萧散幽深的林间小室。其南面与明志堂区纵深相接，设计成小寺小轩内向端庄的小院。一小条地四个用法，各自为趣，互不相属；手法简练，景象转换紧凑，组合成澹圃重要的特征区。[5]

萧散区：西区的雪洞、浴屋是园中最萧散者。逼近西边界，但边界无墙，实际看去，荒林连成一整片，水渠穿林而去，小房就在水边的树林中。这个边界做得轻松巧妙。园虽没有山，此处水穿荒林却得到类似山居的野趣，是园主最为看重的地方。

长桥：园北部的高潮。大长桥跨大池，与细细的西条区极为紧凑的小尺度营造反差很大，互相衬托。

澹圃显得“散淡”，园主好像放弃了用内在规划逻辑掌控全园的意愿。但在总体布置下，每个位置的独特禀赋，都被用来营造独特的园境。园林不像是从内在既定的架构去铺展，而更像是从各点自发生长而挤靠在一起的。这样的结果，在游赏园林时就处处感到有意外的自由的趣味。

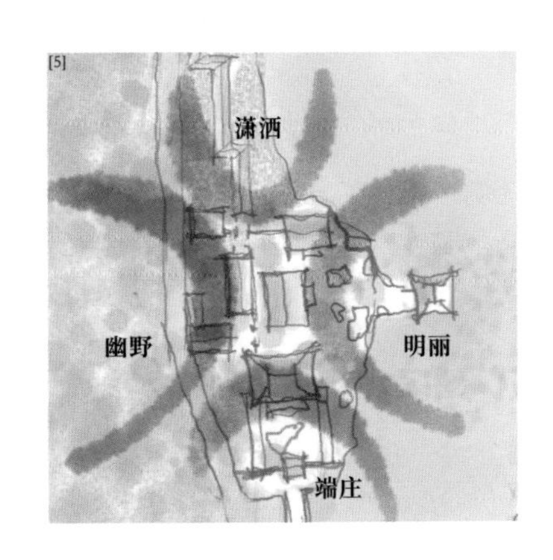

筼筜谷

园境·明代十一佳园 | 第五园

园皆高竹　切以深院　冷翠潇远　明代奇园

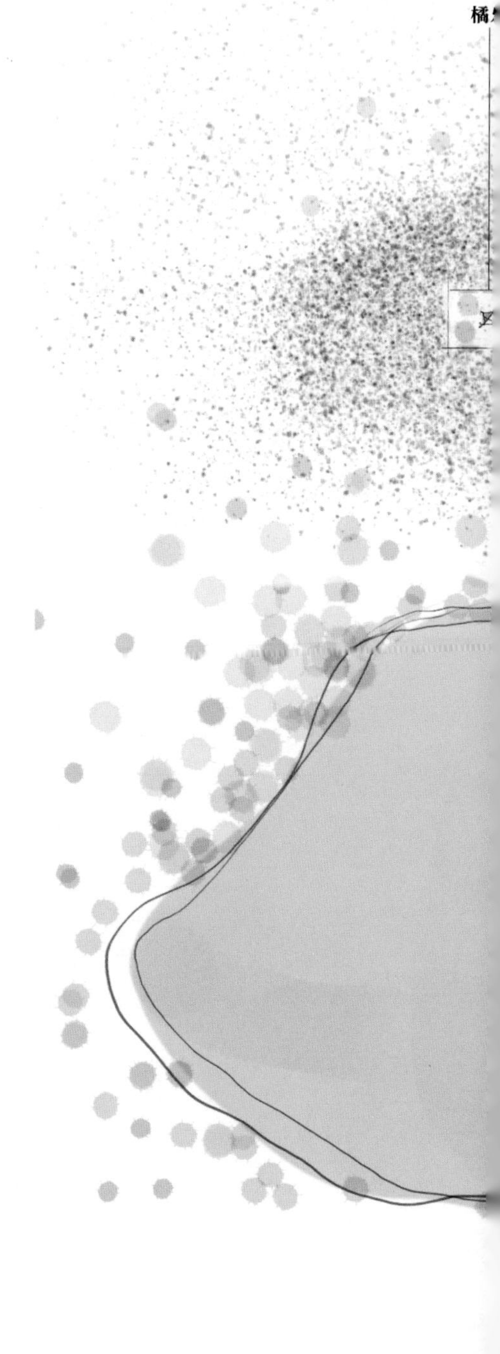

　　筼筜谷位于湖北省荆州市公安县，园的选址在河湖水边的一大片筼筜林中。园占地30亩，园的设计极为简明纯粹，对筼筜林的表达趋于极致。造园的思路与手法，更新了我们对中国古典园林的旧有认识，是一个独特的珍贵案例。

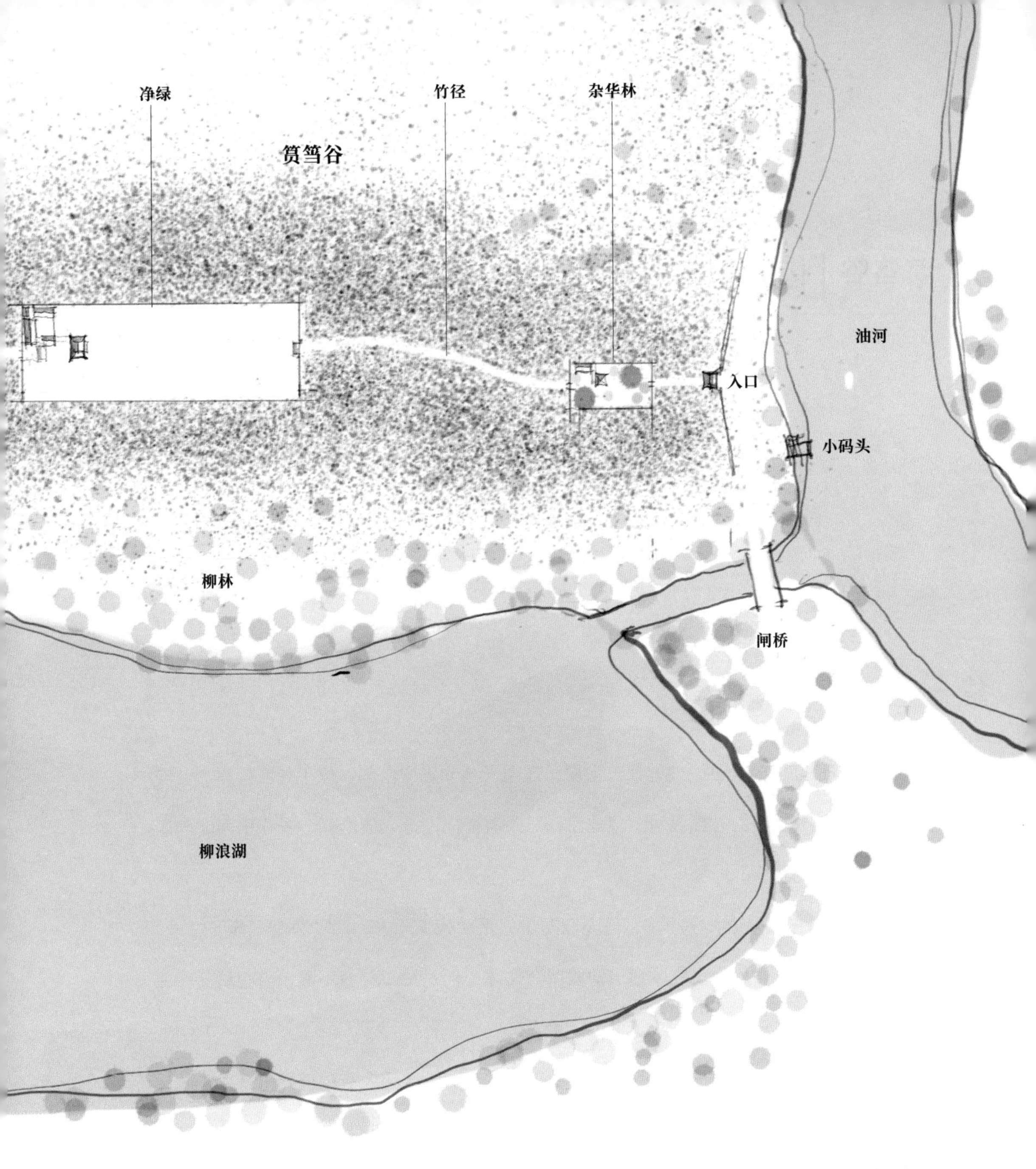

筼筜谷导览示意图

筼筜谷｜园的故事

筼筜谷所在的公安县，地处江汉平原，在今天湖北省中南部，位于长江南岸。公安县的主要河流有松滋河、虎渡河、藕池河，三条河都向南流入洞庭湖，长江由西北向东南流经公安县的东部。

筼筜谷园主袁中道，字小修，号凫隐居士，是明代文学家，为“公安三袁”之一，他在文学上主张性灵学说。袁中道自幼聪明有文才，但是早年科考不顺，内心动荡却又渴求宁静，常常参禅问道。

明代晚期文坛的“公安三袁”指公安县的袁宗道、袁宏道、袁中道兄弟三人。三兄弟并有才名，先后考中进士，为官为文，影响颇广，是湖北公安派的代表人物。公安派反对明代前后七子的拟古文风，他们主张不同时代应该有不同的文学，明确主张“独抒性灵，不拘格套”的文风，重视小说、戏曲的文学价值。公安派的散文、小品文影响了明末一大批文人。

筼筜谷有30亩（2公顷）筼筜林。筼筜是竹中之最高大者，生长在水边。据记载，

筼筜谷园门外环境场景示意图

它的一节可达两到三米高，竹高可达20多米。本文后面场景重构，取竹林高度为15—18米。在一大片筼筜林中营造园林，在我们研究的明代园记中是孤例。

园的位置在水边，东面为油河，南面是柳浪湖。环境十分优美，园主在笔记中说，夜晚，坐在筼筜谷的门口，门外的油河流过，空中一轮明月，油河的水映着月光闪闪发亮。河边大片的杨柳树，柳丝在微风中轻轻摇曳。门前这条油河，就是古代文字上记载的油水。油河可以通船，园主出入常常乘船。园主在笔记中称，柳浪湖有新柳3000余株，袅袅下垂，风吹过柳林，柳丝翻卷如水浪。中间的湖，水量丰沛，湖口流水注入油河，水声像瀑布声。

袁中道的哥哥袁宏道辞官返乡后，在公安县油江口建了柳浪馆，而柳浪湖与筼筜谷相邻。建造筼筜谷的为王承光，字官谷。柳浪湖主人袁宏道早年对这个园的评价是"极精整"。王承光去世后，园转给王世胤。不久后，王世胤急需用钱而出售此园。袁宏道知道后，赶快通知袁中道，那时候袁中道已经38岁了，却还没有满意的宅院。袁中道倾其家产，用几百亩良田换得筼筜谷。拥有筼筜谷后，袁中道稍加点缀修缮，并写下《筼筜谷记》。园记写得传神，与园一样简洁动人。

第一任造园主王承光为公安县举人，其生平难以查考，但是他的园林观必然是独具一格。袁中道居于此园17年，一直到终老。他的《珂雪斋集》中有大量文字记载在筼筜谷的生活。

春日，筼筜谷新竹已经长出，翠色娇妍异常。园主推开净绿轩的门窗，看见园子路边长出杂草，赶快让人锄去。园主将几案拂拭干净，在净绿轩中静坐。又一天，杂华林中花树大开，三色桃皆放，却没有朋友来，只有园主一个人欣赏。又有一天早上，有客人来访，园主邀请客人在净绿轩中坐。天下着小雨，只见满林的竹笋，嫩绿欲滴，于是烧竹笋一起吃饭。饭后，取出米元章所画的竹卷，展示观览。在筼筜林中看竹画，觉得画中之竹从毫素间显出真竹的神情。主人和客人展玩画卷许久都不忍放下，他们说今天这六根五脏都化成竹了。

夏日，开门，从竹径进入深竹当中，清凉沁骨。秋日，秋雨不止，园主病了，在筼筜谷里将养。傍晚走出房间，看见紫薇花落了满地，就像红茵一样，侍童要去清扫，园主说："落叶可以扫，此花不可扫也。"

这就是筼筜谷的情景。

筼筜谷 | 杂华林

「筼筜谷」周遭可三十畝，皆美竹。門以內，芟去竹一方，縱可十丈，横半之。前以木香編籬，植錦川石數丈者一，芭蕉覆之。有木樨二株，皆合抱，開時香聞十余裏。瞻蔔黄白梅各二株。有亭，顔曰「雜華林」。旁有室，曰「梅花廊」。總以竹籬絡之，而籬外之前後左右，皆竹也。

——袁中道《筼筜谷記》

杂华林

入门以后第一个院子，是从茂密的竹林里开辟出来的矩形院，它宽15米，长30米，院子不小，用木香做篱笆围院。篱笆之外，前后左右全是竹林。

门内有一座很高的锦川石，锦川石有10多米高，既古雅又华丽，是一种纹理色彩漂亮的细高状的美石，很是珍贵。石下种了芭蕉，大的芭蕉叶，还有鲜艳的红花覆盖在石头的下边。

院子里有两株巨大的古桂花树，树干大到可以合抱。秋季开花的时候，花香在空气中飘散，10多里以外还能闻到它的香气，可见是非常茂盛的两株巨大的桂花树。

院子里还有梅花、木香、栀子，各色的花树有六株。在不同的季节开出各色的花，散发着它们的香味。院子里有一座亭子，匾为“杂华林”，有小室叫“梅花廊”。这是入门后第一个院子。

杂华林东侧是筼筜谷的门，从院子的西边出去是一条竹林小径，通往园子的深处。

杂华林场景示意图

杂华林分析

筼筜高直，林密而深厚，青翠寒素之势强盛。

营造：以规整的大长方形切入密竹林，撩以篱笆，将青翠寒素之势围在院之外。

院之内：满院花树，有古有新，应季盛开；古桂花浓香穿透竹林，传彻园外10里；院内香艳繁华之势强盛。植物的寒素之势与繁华之势分别塑造，反差对峙，张力明显。

院内之营造：有亭有屋，容人游憩，加入闲暇的人气；有高耸的瑰丽花石，其高堪与筼筜、古桂的尺度相当；其瑰丽可玩，加入赏玩趣味。

古桂树应该是此处最老的原生植物，筼筜林或是后生成林的。造园者顺势而为，营造成多势杂合的杂华林，作为筼筜谷的入门第一院。

园主有诗："入门石容古，垂藤不落格。""八月木樨开，香风十里彻。腊月梅花放，冷冷一天雪。"应时而变，热闹、丰富、拥挤。有古有今，老树新树，熙来攘往的世俗之美与篱笆外素雅、宁静、纯绿而稳定的清幽之美形成对比，意境是杂华的繁盛与生机。

筼筜谷｜净绿 竹径

于籬之西，「雜華林」之後，有竹徑百武，又芟去竹一方，縱可三十丈，橫三之一，有一亭三楹，顔曰「净緑」。後有堂三楹，名曰「籜龍」。其後爲燕居小室。總以墻絡之，而墻外之左右前後，皆竹也。

——袁中道《筼筜谷記》

净绿　竹径

从杂华林的西面出来，有一条竹径穿过筼筜林向西，到达第二个院子的东端。这条竹径有80米长。

第二个院子也是在密竹林当中开辟出来的一块长方形的院子，这是筼筜谷的主院。院子宽度30米，与杂华林的长度相等，而长度达到90米，长宽比达到3∶1。这是一个很大的长方形院落，院子的入口和出口都在院子的两个短边。与第一院不同，第二院不是用竹篱笆围合的，而是用院墙。墙的外边全是大片竹林，又高又密。园子的里边是大片空地，没有一根竹子，也没有其他植物，非常单纯。

在西边的中央，有一座三开间的宽敞亭子，它在园主笔记当中也叫轩，有时也叫堂。亭子不算小，但是在那个大院子里看起来很小。亭子的匾额为“净绿”。亭后再往西，还有一堂，连着几座小房子作为居室。

净绿　分析

净绿院宽30米，长90米，空间尺度惊人。尤其紧接窄小的竹径，一进院门即感惊人的“大势”。

作为单一的院落，在我所研究的明代园记以及所见之清代私家园林中，这样大的尺度是唯一的。院落以墙体围合，形态明确，毫不含糊。

院子是长方形，但其长度是宽度的三倍，长向非常突出。宽度30米，已经是“院”中之特宽大者，而长度达到90米，非常罕见，有显著的“长远”之势。

竹径　分析

竹径窄而长，长达80米，穿过篔筜林；篔筜高15米多，窄径宽不过一两米，夹峙之势、深幽之势都非常浓厚。青翠单纯，寒素幽深。

竹径场景示意图

筼筜谷 | 橘乐

于墙之西、「净绿亭」之後，又芟去竹一方，縱可十丈，衡半之，種黄柑四株，皆合抱，歲得柑實數石，甘美异他柑。有亭曰「橘樂」，亦以籬絡之，而籬之前後左右，皆竹也。

——袁中道《筼筜谷記》

橘乐

第三个院子也是矩形，也是从竹林当中开辟出来的。它的大小和第一个院子一样，宽15米，长30米。院子周边也是用篱笆围合起来的。篱笆的外面全是竹子。篱笆里边，院中有四棵很大的柑橘树，大到树干可以合抱。橘树不仅巨大，树上的柑橘色泽金黄，味道甘甜，在周边都很有名。院中只有一座亭子，这个院子叫作“橘乐”。

第三院与第二院靠得很近，第二院西端居家的房子靠着西墙，出了西墙，几乎就进了“橘乐”院，它相当于家宅一区的后花园。

橘乐　评价

在竹林的大片寒素中给出温暖的亮色。园主记道：“晚归筼筜谷，看橘子作黄金色，磊落枝头。”“黄柑压树繁，甘美殊可啜。”故而第三院的意境是“橘乐”。

有甘味，有暖色，在竹林的寒素反衬之中给出温暖的亮色。

筼筜谷 | 总体分析

总的形势

30亩竹林的设计是：从林中芟去竹林三片，得到三个矩形的院子。第一院“杂华林”，在园的最东面，再往东，就是园的入口。它的西面有一条长竹径，竹径往西是“净绿”。从净绿院的西边出去，便到了第三个院子“橘乐”。竹林的大小有30亩，接近两公顷。全园从东到西布置，如果全部长向布置，最大的总长度差不多有270米。重要的是，这不是三个普通的院子，而是筼筜林围合的院子。

筼筜高数丈，围合的空间大小不等，形成不同的纵深感：竹径最深，一院和三院其次，主空间二院则最广且深，各具其势。从入口进来，空间依次为：深，最深，最广且深，深。同在筼筜林中，势有不同。穿行其中，经历极强的冲击感。

高高的筼筜林围住各个院子，连成270米长的组合。空间之深、之高、之广，气势不凡。而筼筜，其优雅翠绿又堪醉人。

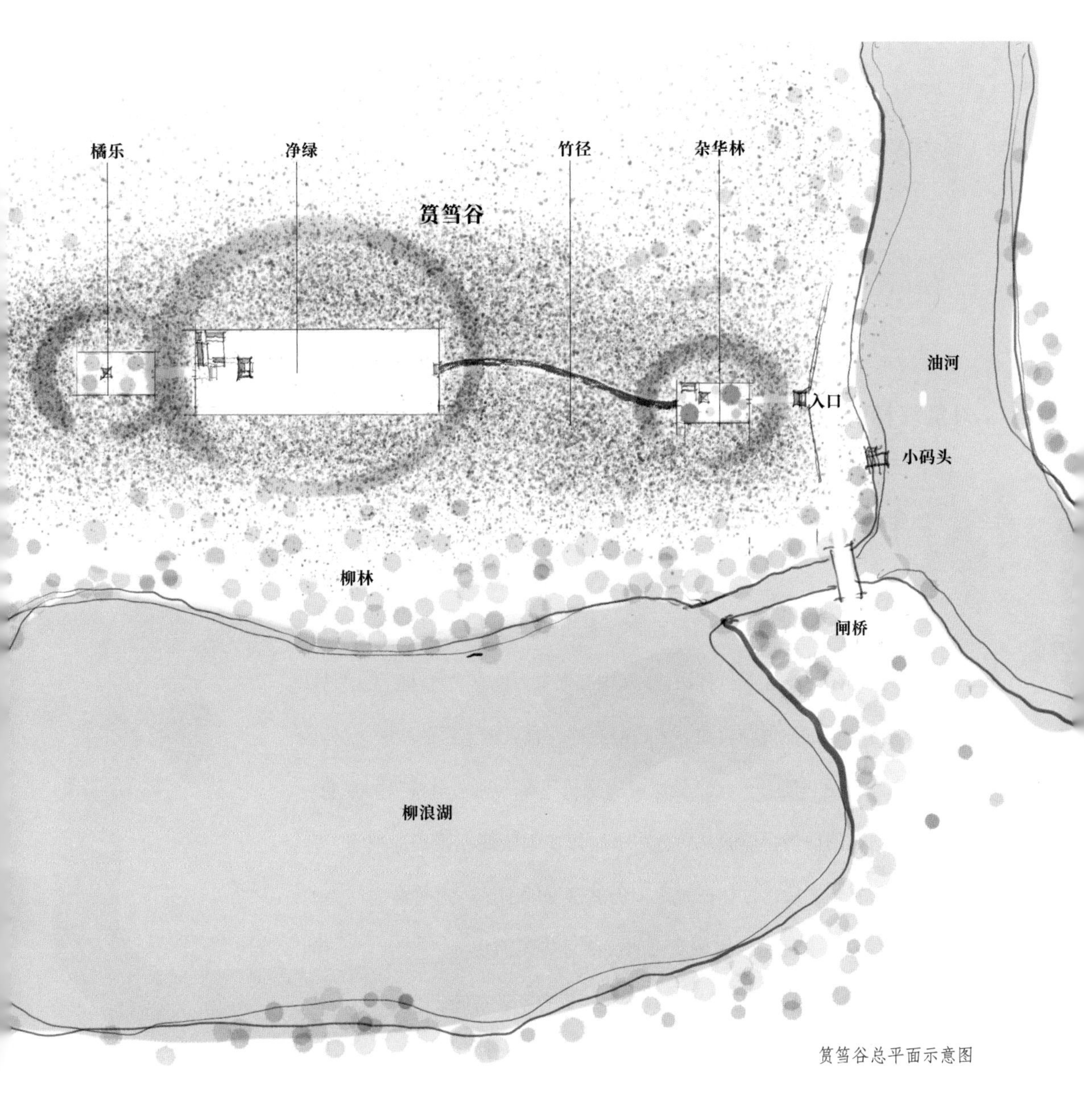

筼筜谷总平面示意图

对筼筜林的“表达”

1. 反衬：用繁盛的杂华与素竹相对，反衬竹之素雅、翠绿之势。

2. 穿：窄径穿竹林，进深表达竹林的势——竹林之密、之高、之深、之寒素。

3. 全景：特别是第二院，远距离、全景表达竹林之大、之纯粹、之气势。用特大的“空”切入竹林深处，从内部强有力地彰显竹林的“大”势。

4. 暖意：增加愉悦与甘甜。表达得纯粹，有温暖人心的和缓之势。

四个“表达”连贯一气。最惊奇的是从“穿”到“全景”的突变：体验从窄到广的冲击，体验从竹林中视距短浅围蔽到视距长远空间大开的冲击。而放开之后，竹林在远距离仍然密密地围蔽，对竹林之广大的表达非常有力。最可品味的是从大的决绝之势转而变为“暖意”，一种“仁”，或者说“慈”，抚慰高冷孤寂的心，颇有宗教意味。

筼筜谷的艺术处理大胆、准确，直击心灵，园境气势很盛。

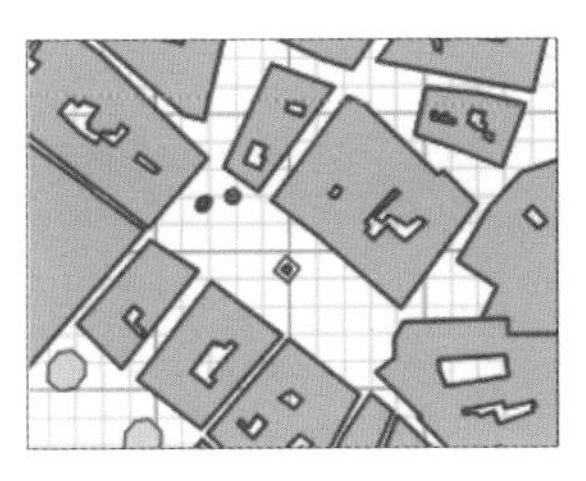

古罗马鲜花广场平面图（左）
与手绘场景图（右）

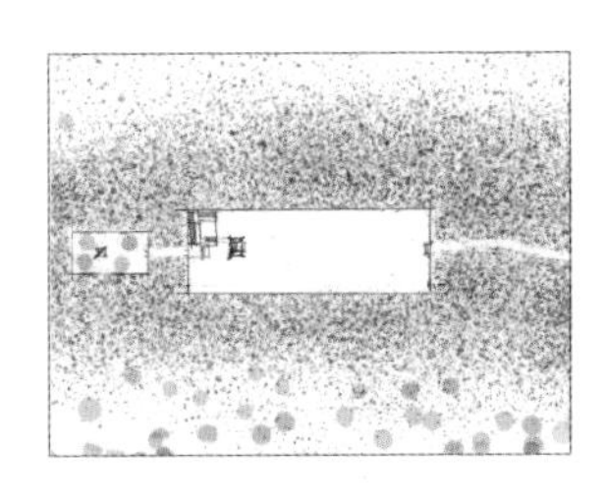

筼筜谷净绿院等比例平面示意图（左）与场景示意图（右）

中国古代的这处几何形园林

筼筜林与我们了解的中国古典园林形态完全不同。单纯简洁的几何形式的园林景观在我们的认知上似乎属于法国大园林，中国园林空间形式上似乎总是婉转曲折，复杂难解。

筼筜谷这个案例是用简单几何形主控的园林，设计处理得干净利落，却有力地表达了中国园林的意趣。净绿院之大、之规整，几乎可以与欧洲城市的广场相比。它与古代罗马著名的鲜花广场的平面形状和大小很类似。此园展现了不同于我们所了解的中国古典园林的面貌。筼筜谷的艺术处理大胆、准确、直击心灵，园境气势很盛。“形”极简明，“势”很震撼，“美”得细腻动人。

西佘山居

园境·明代十一佳园 丨 第六园

散淡于筑　明艳于花　潇洒浪漫　山水园居

西佘山居位于上海松江区西佘山北坡及山麓，坡上松竹茂盛，山脚下清流潺潺。园的设计利用半山的高点、山的坡面、山脚下的水边、平岸与山隔水相望等条件，同时点缀少量建筑于其间。不欲以建筑造景，却长于通过建筑把人置于美境中，园境悠闲散淡却诗情浪漫，意趣细腻，无拘无束，如行云流水。此园很重视对植物的欣赏，特别是对各种花卉。园把自然水系的一部分纳入园中，小船从园池出，可以远游。

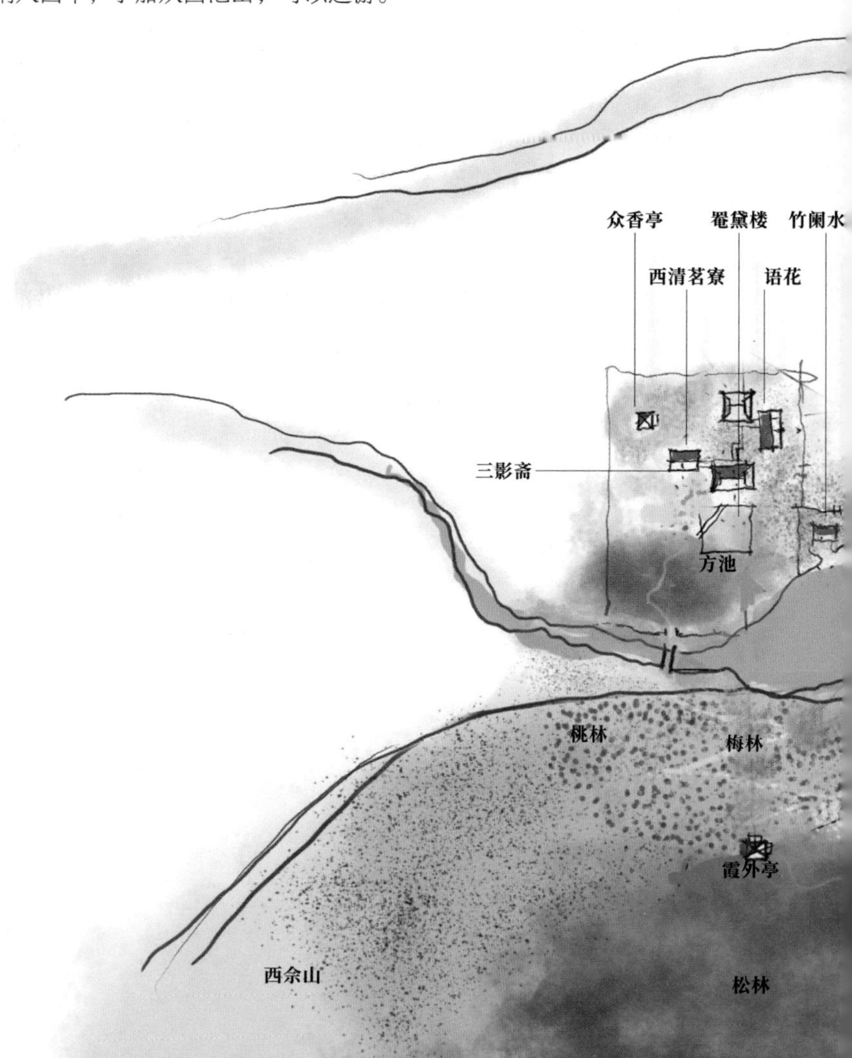

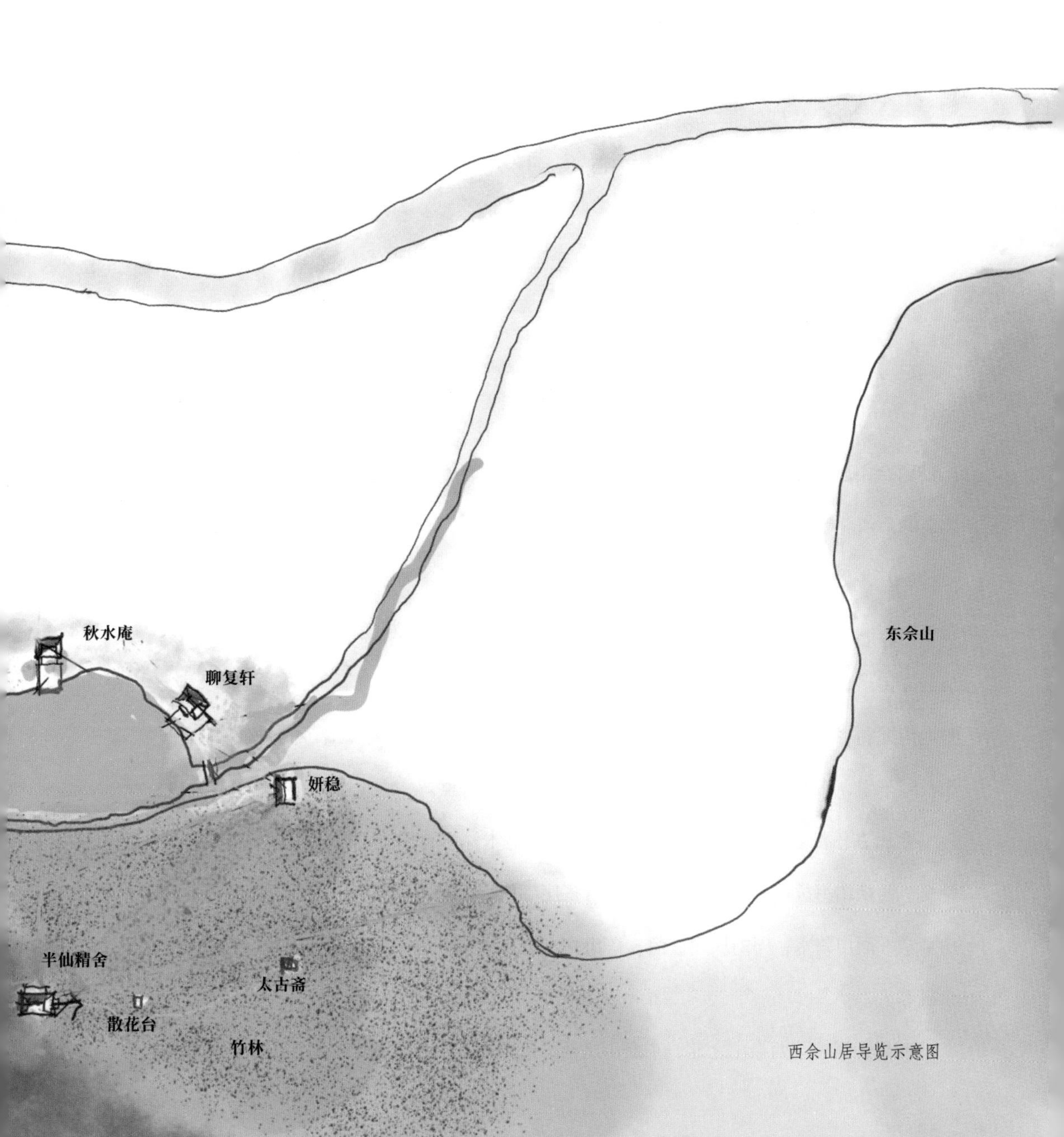

西佘山居导览示意图

西佘山居｜园的故事

西佘山居建于明代万历年间，位于松江府华亭县的佘山，也就是今天上海市松江区北边的佘山。

松江地区古称“华亭”，别称“云间”，位于长江三角洲东南部的淤积平原上。其地势坦荡低平，河网纵横，航运便利。早在春秋时期，松江地区就已有发达的农业和兴盛的文化。三国时期，吴国陆逊因有夺取荆州的功劳，被孙权封为华亭候，分封于此地。封地因此得名“华亭”。唐代置华亭县，元代置华亭府，后又改为松江府。松江华亭一带沃野千里，盛产鱼盐，遍植桑麻，经济繁荣，文化兴盛。

佘山在松江县城的西北约10公里处。佘山林木深翠，山分两峰，西峰挺拔，东峰蜿蜒，西佘山海拔97.2米。明代佘山上有多座寺庙，还有不少名人的别业。其中董氏东山草堂，面山临水，园的规模宏敞；陈继儒的东佘山居，园中遍植花卉树木，有眉公钓鱼矶等。

西佘山居位于西佘山之北，东佘山之西，疏疏落落，点缀于山水间。山下的水如丝

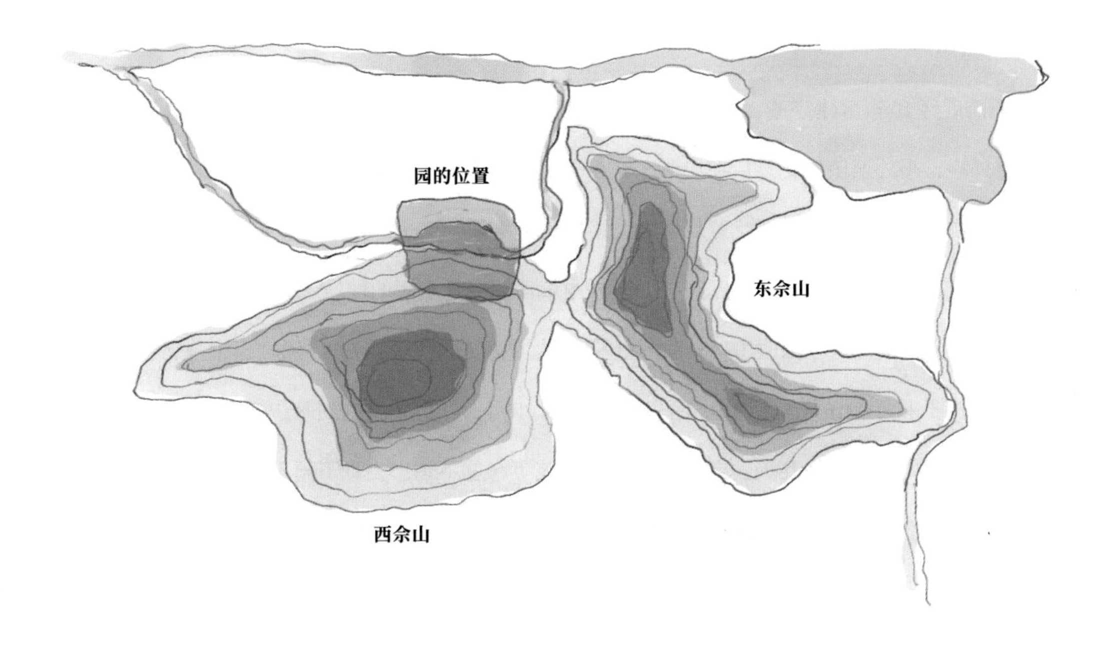

西佘山居位置示意图

带，萦回环绕，舒缓柔妩。

园主施绍莘是华亭人，字子野，自号峰泖浪仙。他年少时已有才名，却屡试不第，于是寄情于诗酒，放浪于声色，遨游于山水间。他善词曲，是明代曲坛名家。散曲有《秋水庵花影集》5卷。《全明散曲》收录施绍莘小令72首，套曲86套。他的词曲具有清新的田园情趣，风格纯朴自然，将北曲的爽朗风格带入明代后期江南“婉媚柔靡”的昆腔中，颇有影响。

施绍莘在三泖水边建家宅，又在西佘山营建园林精舍，每到春秋必来山居。他寄情于山水，流连于美酒花月。他喜爱填词作曲，对四时的风景、山水花木有所感时，都谱成小曲，教人歌唱。当时，陈继儒也居于东佘山，二人时常往来，陈继儒还为施绍莘的

《花影集》做序。

园子前后经10年营建完成，先在山腹建春雨堂，堂前平畴远水，一望千里。再在山腰建霞外亭，亭外遍植桃花。后在山脚下建一片建筑，有轩有阁，有斋有楼，有疏篱曲水，有细柳平桥，他称其为“就麓新居”。山上建筑很少，仅点缀于园内花卉林木间，山下建筑较多，花树竹木的布置更具匠心。园外山翠环拥，是山居的佳境。

园主在园记中记载了在山居的心境和悠闲享受。他喜欢这里的闲旷、优雅、宁静，每年春夏必然要来西佘山下，在这个园子里居住，到10月、11月才又回到水边家宅。冬天梅花开放，又要来这儿住几天。园主说在山里一住下来就不想出去，下雨不出去，刮风不出去，太冷不出去，太热不出去。有客人来访的话，富贵的人不见，俗气的人不见，不认识的人不见，想要来争论的人就更加不见。

园主说，我只有10来个朋友，有的是寺院高僧，有的是文人，有的是艺术名流，我和这样一些相知的人在这里交往。我们吃得非常简单，我们的奢侈就在于欣赏四时的风景，欣赏山水花木。有时我们在这儿写一些词曲，用丝竹管弦弹奏，这些音乐再配上周边的花和光影，十分美好。音乐、歌声，从松树中穿出去，飘到云间，令我陶醉。我还造了一条小船，叫作“随庵”。天气好的时候，小船一半载了琴和书，一半载了花和酒，我带上美丽的歌姬和文士名流一起划着船出去。船就像一叶浮萍，可以划到九峰山，也可以划到三泖水域。沿着河流往南，甚至可以划到杭州西湖；向北，甚至可以划到太湖。万一有那种有钱有势的访客非要来见我，我就让门童去说，说主人刚刚买花归来，可是好像又乘着船不知道到哪儿去了。

园主又说，因为这里有山，我造这个园就不需要去叠山；因为有水，我也不需要费事去挖水池；花木呢，我找一些容易活的，让它自然生长；建筑呢，也选择那种容易建的，可以很节省地盖起来。园主说，我这个园子啊，“简便而措之，平淡而享之，但觉山水花木，自来亲人，而我无应接之烦，是可为真享受也”。

园主还说，我现在当然是逍遥地享受，但是也很安分知足，并没有对将来奢望太多。百年之后，我怎么知道这个园子不会被子孙卖掉呢？也许会被有权有势的人家夺去；或者被周边农民平成田地来种庄稼；或者被野兽糟蹋毁坏；或者被砍柴的人把花和树都砍掉。园林有这些下场其实也不必惊讶，它是必然的。我只能趁着现在把园子的情景记下来，我想刻在石头上。很久以后，园林已经荒芜，也许会有一个人发现我刻的石碑，如果他读懂了这些斑驳模糊的文字，他就会了解这个地方曾经有建筑，有花木，有那么一个人，他的文采风流即出于此。那位读碑的人再看周边的杂草和荒野，碑上所记曾经的园林花木都已经没有任何痕迹。他如果有心，会用手抚摸着这石头，为我的园子长叹一声。我写这个园记所愿，仅此而已。我要把这篇园记复刻在三块石碑上，一块沉入方池的池底，一块埋在山上竹林中的散花台下，再有一块沉入园中的古井，沉在井中清澈的泉水里。

西佘山居｜半闲精舍 散花台 太古斋

予山居則疏疏落落，而點次于山水間也。在山腹者，曰「半閑精舍」，本爲先人墓地……中堂曰「春雨」，其前平田遠水，一目千里。西偏曰「無夢庵」，卧處也。萬松在窗外，蒸雲鳴雨，夜枕幽絶。東偏曰「詩境」，晏坐處也。窗外純竹，東佘作正绿色，在竹中間，探頭如戲。其前爲「散花臺」，出萬竹上。每于此飯鳥，鳥聞木魚磬聲則下。竹間有小徑，接「太古齋」，齋小如髻。他處猶聞樵斧人足聲，至此萬籟俱寂，惟聞鳥啼葉落，而閑鳥無求，聲不多作。盛夏草木怒生，葉亦不落，但竹風蕭蕭而已。每歲暑月，爲挂瓢晞髮之地。此山腹之大凡也。

——施紹莘《西佘山居記》

半闲精舍　散花台　太古斋

在西佘山北坡的半山，有一座建筑叫“半闲精舍”。这里本来是祭祀园主先人的墓地，其中有一座小建筑，后来被改为园主可以来居住的小房子。这房子一共三开间，中间一间是堂，题名叫“春雨堂”。建筑的南面背靠西佘山，春雨堂的门朝着北面。从春雨堂往北看，山下是平田远水，一目千里，又高又远，非常开阔。三开间建筑的西边这一间叫作“无梦庵”，是卧室，卧室的窗外是万松林。晴天，地气往上蒸腾，穿过松林，升到天上。雨天，天上雷鸣电闪，雨穿过松林降下来渗入土地。入夜的时候，这里宁静到了极点，园主称其为“幽绝”。东边一间叫作“诗境”，是白天起居活动的地方。从窗户往外看，纯是竹林，一片翠绿。远处东佘山是正绿色，在眼前的竹林间时隐时现，好

散花台场景示意图

像探头来跟园主淘气。

出东间向东进入竹林，有一座“散花台”。台面高出竹林之上。园主每次登台撒些谷康杂粮，一敲木鱼，周边的鸟就飞过来。这是竹中喂鸟的台子。

竹林当中有一条小径，林深处有一座小小的建筑，圆形如发髻，叫作“太古斋”。这里特别安静，山里的其他地方偶尔还能听见砍柴人或者过路人的脚步声，而这个地方真是万籁俱寂。偶尔的鸟叫，或者叶子落下来这种轻微的声音，都听得很清楚。可是鸟一般也不怎么叫，盛夏时节，叶子也不会落，所以连这点点声音也没有。唯一能听到的是，当微风吹过，竹林有萧萧的声音。每年盛夏最热的时候，这里成了园主消遣纳凉的地方。

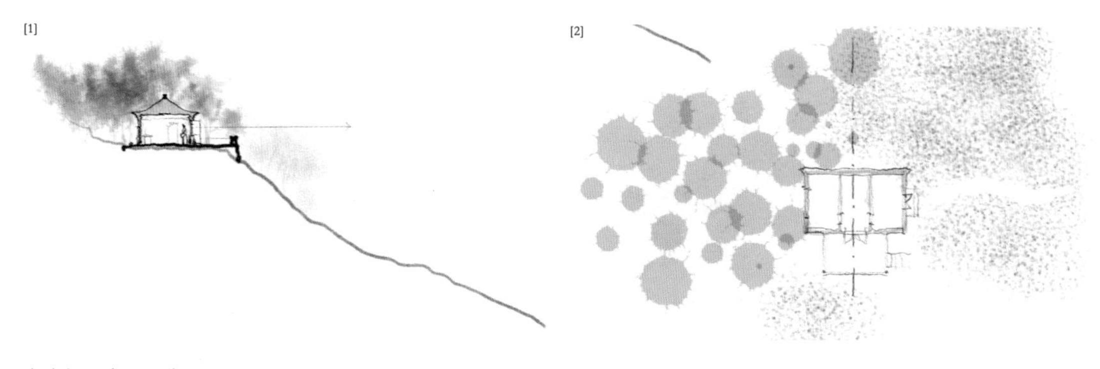

向北视线高远示意图

堂的轴线设于松林竹林交界线示意图

半闲精舍剖面示意图

半闲精舍

形的条件：北坡，半山，松竹成林。

形的设计：

1. 堂建于半山北坡面向北。

优点：向北可俯瞰平原，视线广远。[1]

2. 堂设中轴线于松林竹林交界线，而不是一种林的中间。东西两间分别处于不同林的环绕中。

优点：西间向西开窗，可得松林气象，东间向东开窗，可得竹林风景。[2]

评：

○ 半闲精舍东西两境反差不小，中堂的高远之境更是气势不同。于一座很小的建筑就得到多种园境，形简洁，势丰富。

○ 明代吴国伦北园的佚我堂，中轴线也设定在竹林梅林的交界线上，堂前左右一边为梅林，一边为竹林，各设林中石几，可在林中游憩。梅林竹林隔池互望，成为两处不同的园境。

西佘山居｜霞外亭 桃径

降及山腰，有亭翼然，曰「霞外」。其背背松，其面面桃，上徑徑松，下徑徑桃，更有梅花三四十株，作一堆雪。當桃花盡處，桃徑凡三折，一折皆單瓣，開差早。一折皆千瓣，開差晚，兩桃繼發，艷可逾月；一折純種桐，桐盡復種桃。而鄰家松竹，更互相掩映，可稱綠天紅雨，綉幄香茵。每值春時，爲名姬閨秀，鬥草拾翠之地。此山腰之大凡也。

——施紹莘《西佘山居記》

霞外亭　桃径

从半闲精舍下到山腰，有一座亭，檐角像飞鸟的翅膀一样伸展开，亭叫作“霞外亭”。亭的南面是山的上坡，坡上全是松树。亭的北面是山的下坡，其上全是桃花。亭之上，是松径；亭之下，是桃径。还有三四十株梅花，梅花开的时候就像一堆白雪。

桃径有三折。一折周边是单瓣的桃花，它开的时间稍微早一点。一折是复瓣的桃花，开的时间晚一点。从单瓣桃花开到复瓣桃花谢，欣赏桃花的时间差不多有一个月。还有一折小路进入一片青桐林，林中满是高高的青桐树。出了青桐林又是桃花。左右的山地是邻家的松和竹。与园主家的这些桃花互相映衬，真是“绿天红雨，绣幄香茵”。

每年春天，这里都会成为一处胜景，吸引众多名流淑女到林下来游玩。

霞外亭 桃径 场景示意图

形的条件：半坡向北，周边松竹茂密。

形的设计：

1. 设亭于上松下桃的交界处。

优点：○清楚地分界松桃两区。

○亭在桃林之上，有桃林衬托，位置凸显。

○桃林有亭在上，一片散漫的形态有了重点而显得更完整有力。[1]

2. 一大片花林再进行细分，分为四种，三种是花，一种是桐。三种花又分了色彩、花期的不同。

优点：○丰富有趣而不单调。

○此起彼伏开花，常住园中更为相宜。

3. 不同的花与下山的曲折路径相配和，以路串花，游赏感受清新。

[1]

西佘山居 | 北山之北 三影斋 罨黛楼

漸近山足，爲「就麓新居」……辟兩板扉，有疏籬曲水，細柳平橋，水上夭桃，照天耀日。人行花間，頭面盡赤。入中門，榜曰「北山之北」，繁陰鬱然，下有曲徑抵方池。渡斜橋，橋南北皆植梅，有老梅一株，是爲梅祖，狂枝覆地，輕梢剪雲，與池上垂楊，黄金白雪，相亞而出。有齋兩楹，面山臨池，曰「三影」……每歲催梅觀荷于此，更爲花朝視花之地。齋後疎竹高秀，朱欄拳然。啓其後户，達于小樓，曰「罨黛」，四山環之，翠色欲滴，陰晴改容，瞬息萬狀，雪朝月夜于此最勝。此予之坐卧處也。

——施紹莘《西佘山居記》

北山之北　三影斋　罨黛楼

靠近山脚，篱笆墙上建了简单的板门，题名“就麓新居”。门内曲水细柳小桥，岸上桃花，映天照日，穿行桃林间，人脸都映红了。再进前，是正式的中门，题额“北山之北”。门内繁荫浓密，小路弯曲。抵达方池处，便见一座斜桥跨过方池。桥的南北两岸全都是梅花，其中有一株古梅，巨大的枝干横着伸出来，向下几乎扫过地面，向上的树梢则伸向高处，像是要剪裁天上的云朵。梅花开如一片白雪，与早春黄金色的柳芽先后绽开，映在方池周边。

池边有一座小斋，两开间宽，南面向山，近前临池。每年初春，在这座斋里，园主盼着岸边梅花开放，春末盛夏则欣赏池中荷花。斋临池，池中可以看花影、柳影、山影，因此斋就叫作“三影斋”。

斋的后门外面，一片竹林青翠秀雅，小径上有朱红的栏杆，从斋的

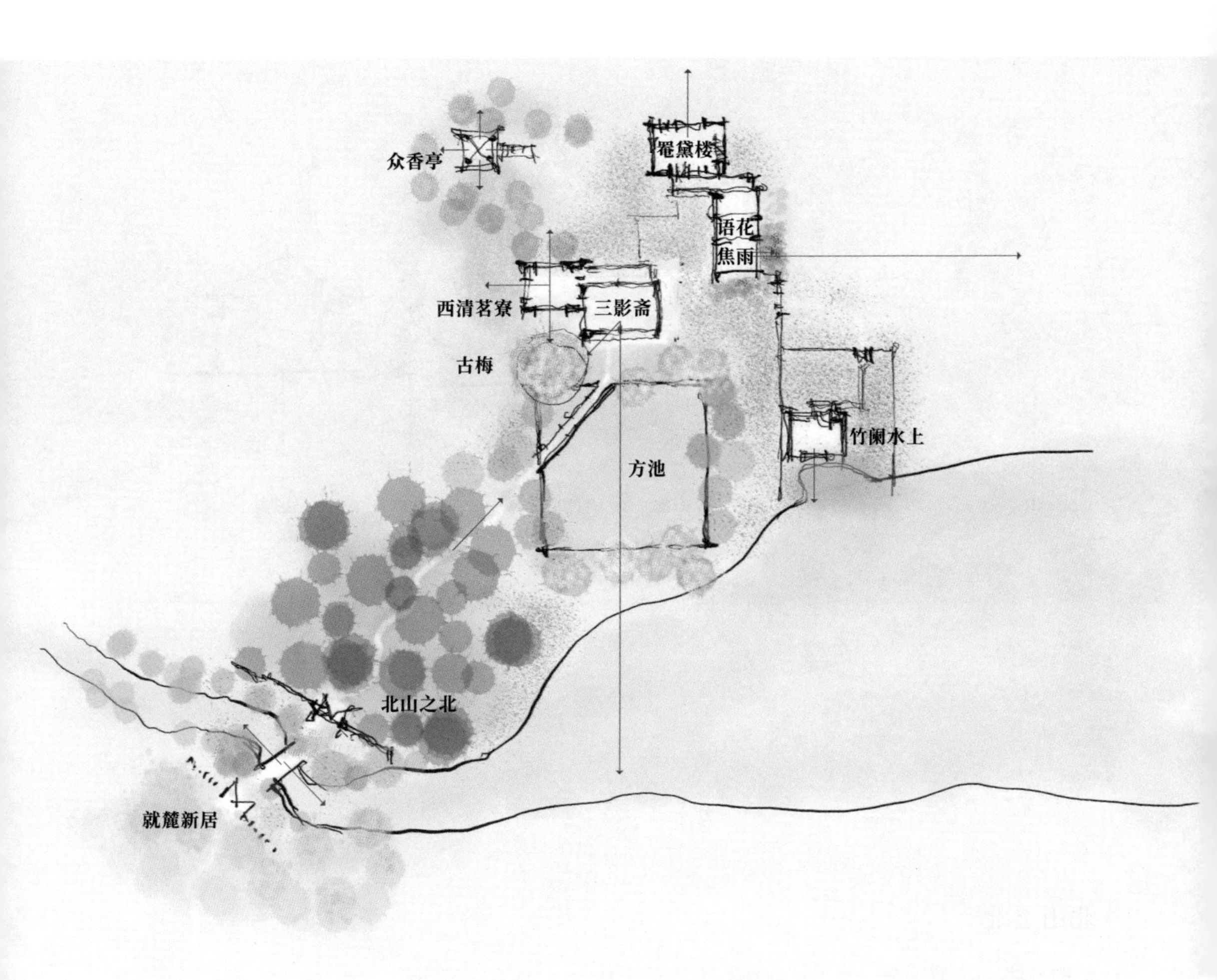

宅居区平面及视线分析图

后门，曲折穿过竹林来到一座小楼，小楼叫“罨黛”。楼上是园主起居的地方，开窗向外看去，四周的山好像环围在周边，远远近近都翠绿润泽。景色随着天气阴晴改换妆容，瞬息万变。最美的是雪天清晨，或是月夜，那是小楼景象最胜的时光。

北山之北

形的条件：山麓平地，有曲溪岸柳，有繁茂树林一区，有古梅一株。

形的设计：

1. 设门“北山之北”于曲溪岸柳与繁茂树林之间，分隔宅区内外，将茂林繁荫区完整包于门内。

优点：○门内外环境有显著变化。

○入门即入繁荫区，有幽深宁静之势。

2. 门外曲溪岸柳地带，沿岸密集种植桃花，下设小桥跨溪。

方池 宅居区 剖面示意图

优点：○门外夹水桃花，花、水、桥组合，门外有势。

○门外花与门内繁荫成浓艳一清森的反差。

3. 引水到古梅下，凿方池。

优点：○方池配古梅，两者相得益彰而成势。

○门内宅区获得景象中心。

4. 架斜桥，池边种梅种柳。

优点：○方池 + 斜桥，规矩和随意交织成趣。

○种植花树，方池之岸得以装饰，方池水面获得倒影。

三影斋

形的设计：设斋于方池北岸，开向池，隔池面山。

优点：

○见山，池中有山影。

○见梅，池中有梅影。

○见柳，池中有柳影。

罨黛楼

形的条件：三影斋之后，远山散布。

形的设计：斋与小楼之间为竹院。

优点：

○穿竹林，安静而内向。

○从地面高度到二层高度，环境变化。在楼上远望，别开一境。

○三影斋向南，隔水看山；罨黛楼二层向北，远翠环拥；各有所向，各有所得。

西佘山居 | 语花－蕉雨 西清茗寮 众香亭

自樓而東，作軒三間，曰「語花」，有旁室，曰「蕉雨」，莫不花來鏡裏，樹入床頭，山眉霧鬟，緑生枕上，此朝雲通德雜處處也。「三影齋」之西偏，爲「西清茗寮」，窗外有古梅修竹，蓄木奴數頭，更種睡香一帶接衆香亭，梅花開時，睡香助馥，氤氲酷烈，聞二里許。疎雲淡月之夜，薄醉微吟于此，令人恍恍有春思。亭前多桂，仰不見天，幽草閑花，總隸香國。每歲秋時，觴桂于此，更爲月夕酹月之地。

——施紹莘《西佘山居記》

语花－蕉雨　西清茗寮　众香亭

罨黛楼的东边，有一座三开间的轩，叫作“语花”，侧边房间叫作“蕉雨”。窗外种的是芭蕉丛，芭蕉离窗户非常近，一开窗，芭蕉的叶子几乎就探进了室内。在室内梳妆的时候，镜子里也能看见芭蕉的红色花朵；在床榻上休息，芭蕉的叶子就探在你的床头。透过芭蕉叶，远处群山妩媚的曲线和薄薄的晨雾都能看见。这里是主人做一些日常杂事的地方。

三影斋偏西有一室叫“西清茗寮”，是饮茶的地方。窗外梅花，就是方池边的那株古梅；有几株桂花树在建筑另一边的窗外。地面则种了一片睡香花延伸出去。北面桂花、睡香花之间，有一座亭子，叫作“众香亭”。梅花开的时候，睡香花也开，香气酷烈，两里以外也能闻到花香。秋天云疏月淡的夜晚，园主在众香亭微醉，恍惚如在春日。众香亭前面的桂花繁茂，抬头看不见天，地面的花草散发出幽香。每年秋天月夜，园主会在这里用酒祭月亮。

语花－蕉雨

形的条件：轩，向东西开窗。

形的设计：窗外近处种芭蕉。

优点：

○轩窗之外，芭蕉极近，芭蕉花叶探入室内，与人相伴。

○芭蕉之下，可见远山柔媚，薄雾轻盈。

西清茗寮

形的条件：小轩，多向开敞通透，与窗外不同的花树相对应。

形的设计：西清茗寮之内，室内小空间，视野低平通透，植物不同的香气从不同的方向飘进来。茗寮，还有茶香在杯中；月夜，恍有春思。

众香亭

形的条件：亭在花树、花草中。

形的设计：众香亭虽有亭，但人在室外空间，花树之间视野更无约束。向上有高空明月，左右有花树飘香，杯中有酒，人心微醉。

语花－蕉雨场景示意图

西清茗寮场景示意图

众香亭场景示意图

西佘山居｜竹阑水上 秋水庵 香霞台

徑折而南，啓小門，入疏竹，有屋臨水，扁曰「竹闌水上」。水月摇窗，風篁成韵，此留客止宿處也。中間爲「秋水庵」，庵下是水，水上是竹，竹外是山，山上是桃，花時萬斛紅濤，勢欲浮屋。庵前高梧數株，壁立聳翠。更作「香霞臺」，每歲綿茵綉幙，爲牡丹洗汝于此。

——施紹莘《西佘山居記》

竹阑水上　秋水庵　香霞台

小径向南折，开了一扇小门，门外是疏朗的竹林，竹林中有一座小屋，它挨着水边，门上写着“竹阑水上”，这是客人留宿的地方。入夜，室内窗上可以看见月光从水面反射到窗上的波影摇曳，山风吹过竹林，室内可以听到萧萧的风声。

旁边有一座“秋水庵”，庵的南面是水面，水对面是竹林，竹林在西佘山的北麓，坡上满是桃林。春天开花的时候，桃花成了花山，水波载着红色。花山红波气势很大，秋水庵好像要浮起来。

秋水庵前面有几株梧桐，又高、又挺拔、又碧绿。梧桐的下边有一个小平台，叫作“香霞台”。每年春夏之交锦绣飘荡时，牡丹在此“洗妆”。

月夜竹阑水上剖面光影分析图

竹阑水上水影摇窗场景示意图

竹阑水上

形的条件：小院，小屋，纸窗向南。周边疏竹，南面有池。

形的设计：

1. 纸窗临水，月光洒在水面，反光射在纸窗，室内见水反光。

2. 微风吹过，竹林有声，传入屋中。

3. 风吹水面波动，室内见波光在窗上晃动。

评：

古代的窗户用窗纸贴在窗格上，不透明，但能透光。窗纸对外面的光影显示得清楚。此案中客人在房内看不见月亮，看不见水面，吹不到微风，但却可以看见窗户上面微微波动的反光。风吹竹林，还有沙沙的声音。静夜中，以此来伴随客人的休息。

专论｜秋水庵

方位与“花时万斛红涛”

西佘山居的秋水庵，在桃花盛开的时候，“万斛红涛，势欲浮屋”。

古人认为报春的花以桃花为最。桃花往往都是一夜之间盛开，开得突然，势头让人惊喜。经过漫长的冬季以后，一天早上忽然之间看见桃花一片都开了，非常有冲击力。

秋水庵这个案例中，桃花是在山坡上而不是平地上盛开。在平地，桃花林面积即使大，人去观察，也不能一眼看全[1]，只能走到桃林里去感受细节。[2]但在山坡上的桃花，相当于将桃花林竖起来，供人从远处整体观看。[3]这种在山坡上呈现的桃花，占据了观者视野的很大面积，所以远看时，山坡面的桃林比在平地上的桃林要来得有势。

坡面桃林如果再配以水面，隔水看去，水面倒影更助其势。[4]秋水庵就是这样的模式。

秋水庵更特别的是桃林在山的北坡。从秋水庵北面向南看，看的是北坡面的桃花。阳光从南面斜着照下来，北坡地面还在暗影中，可是上面的桃花已经被阳光照亮。不是顺光照亮，而是逆光照亮。在阳光的逆光照射下，花瓣的粉红色被光穿透，变得特别明

秋水庵场景示意图

亮，而坡面和枝干处于阴影中，成为深色的暗背景。反衬之下，花瓣显得更加夺目，与顺光山坡的景象截然不同。这些开在暗坡面上的桃花，一点一点的，被阳光透射过去，结成一大片，势头强劲。

这番铺天而来的红光，在水面投下倒影，风过浪摇，红浪摇动好像直涌眼前。[5]

秋水庵前临水平台有几株高梧桐树，在近前遮住高空，在台面洒下浓荫。园主背靠秋水庵，向南看山花看水影，光景极佳。

秋水庵的景象组合由好几个因素构成。其一，桃花的特性是先花后叶，一夜之间盛开，很夺人心。其二，山坡的斜坡，使人从远处能看到一大片完整的花海。其三，花开在北坡上，从北往南看的时候是逆光，光穿过粉红的花瓣，小花瓣都像一盏一盏的小红灯似的，在北坡的暗背景上，光彩夺目。其四，秋水庵前有水面，桃花坡倒映在水中，水面对光色的反射，使得光色更浓、更鲜艳。微风吹皱水面，波荡不已的红色让人动心。其五，观者在平台临水，上有高梧下有浓荫，近处光影柔和怡人。

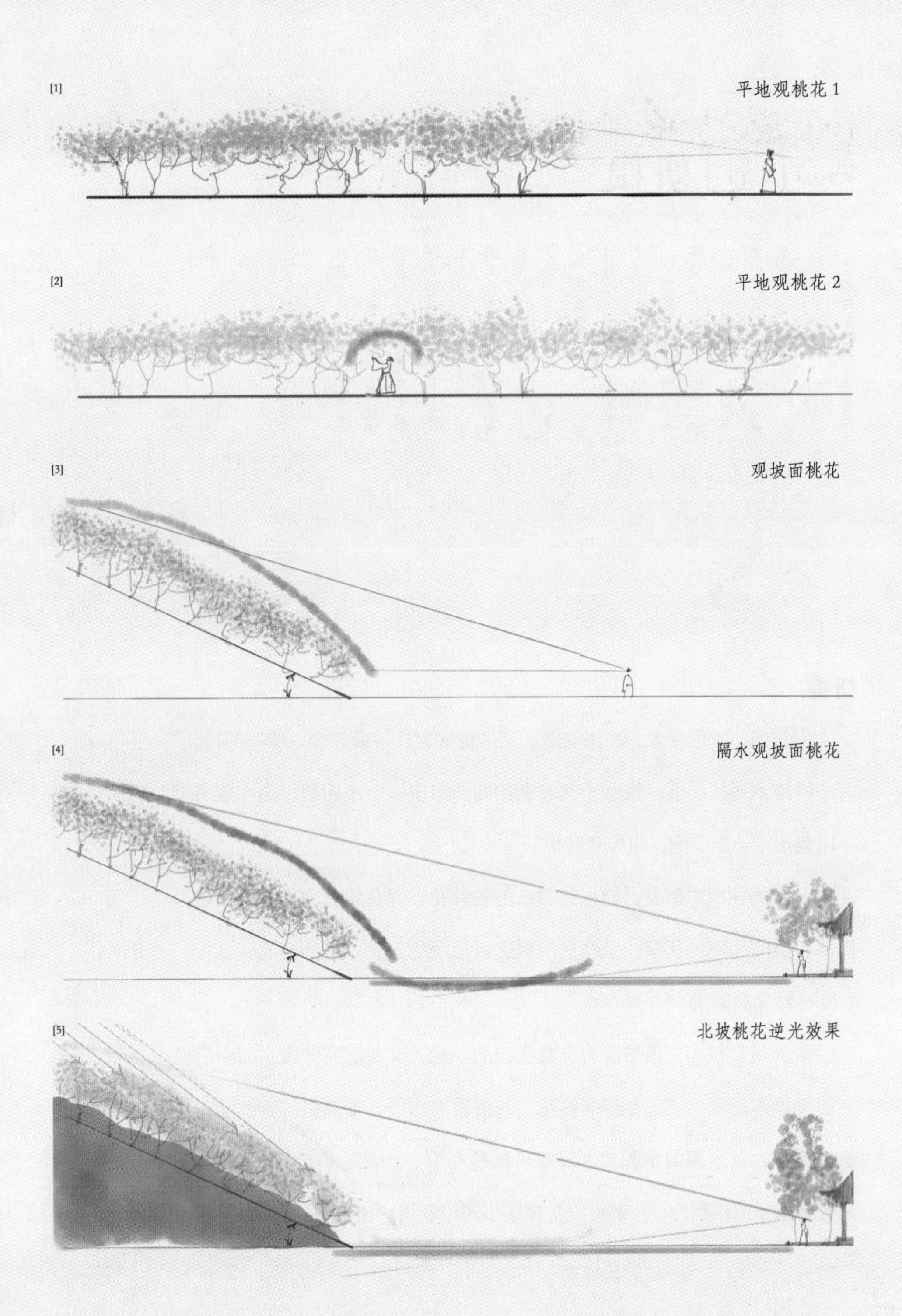
[1]
平地观桃花 1
[2]
平地观桃花 2
[3]
观坡面桃花
[4]
隔水观坡面桃花
[5]
北坡桃花逆光效果

西佘山居｜妍稳

就其高處，築一小草閣，曰「妍穩」。軒中看桃花已勝，而于此更爲奇觀。蓋憑高俯眺，萬錦畢集，紅白交加，深淺互出，正恐武陵無此奇艷，每歲携妖姬韵士，問桃于此……登此，則「三影齋」之梅，「西清茗寮」之竹，「罨黛樓」之雪月，「衆香亭」之桂，「秋水庵」之水竹，「聊復軒」之桃柳，「濟勝橋」之芙容，以至「霞外亭」之桃梅，「春雨堂」之松竹，無不可坐而致也。此山足之大凡也。

——施紹莘《西佘山居記》

妍稳

向东走，水面变大，池水变深。又经过聊复轩、濯锦台、柳树烟村，有小桥跨水通往山坡。西佘山北坡在此处凸出来一个小山包，园主就着小山包建了一座草阁，叫作“妍稳”。

从草阁往园中俯看，园里红的白的各种花，深色浅色交加。即使是陶渊明说的武陵桃花源，恐怕也没有这么艳丽的景色。每年春天，名流仕女必然来此赏景。

草阁虽然很小，但是因为位置在园的一端，又能居高俯瞰，园中所有的美景都能看见。三影斋的梅花、西清茗寮的竹、罨黛楼的雪、众香亭的桂花、秋水庵的水和竹、聊复轩的桃和柳、山坡上霞外亭的桃花，还有春雨堂的松和竹，全都可以坐在这小阁中看得一清二楚。

妍稳俯瞰全园场景示意图

形的特点：

位于园东尽端，半高处，小阁。

妍稳在园的这一长条的端头，所以它可以对全园有一个纵向俯瞰的观望视角，游走全园之后，是一番回看。

西佘山居 | 总体分析

总的形势

西佘山居的平面是东西方向的长条布局，南侧是山的一带半坡，山下是一带水面，北岸接一带平地。建筑的营造主要部分在平地沿岸，隔水对山，还有一些小建筑在山的半坡上。山水都选其自然，没有叠石。东佘山在东面很近，山势看起来高耸。远处还能望见平原上几点小山。

山坡靠上，有半闲精舍等三座建筑在竹林中；山坡靠下一些，是霞外亭和其下的一大片桃花。水面南岸平地是主要建筑区，宅院区有五座小建筑在西，向东有客舍、秋水庵、聊复轩散布，再向东过河上坡，在长条园的东端略高的位置有妍稳草阁。

营造特点：

1. 园内，山地、平地隔水互看，构成优越格局；园外，东佘山耸立而近。园在高低多处向东见山，这样，园的方位、高下、中距离、中远距离的大势即成。

2. 亲近植物，造就近处丰富的趣味。

其一，格外重视建筑与植物组合成特别的关系。半闲精舍将中轴线设于竹林松林交界处，西间赏松，东间赏竹；霞外亭设于松林桃林交界处，其背背松，其面面桃。不仅建筑与植物组合，路径也穿行于不同的花树之间。在门外，人行花间，头面尽赤。及入门，繁荫郁然，下有曲径。

其二，重视窗外对花的朝向。西清茗寮多向开窗，分对古梅、修竹、桂花、睡香。语花轩窗外种蕉，花来镜里，树入床头；众香亭、散花台、太古斋则被植物环绕。

其三，重视花树配置和与山水光线的关系。有花树大片在上，有睡香、芍药、牡丹等低矮花卉在下。种花卉不用花圃，而是随地形种成条带。这些花树有水面映射，再有山体衬托，景象惊人。花色故多，花香也浓。用水和用山好像都为了赏花，用建筑很多也是为了赏花和赏竹树。竹阑水上的是客舍，入夜的窗，有月照疏竹的影子投在窗纸，有月照水面的波光反射在窗纸，微风吹过，竹影轻摇，波光微荡，客房的装饰就用窗影。

西佘山居是我们研究的园记中对植物情感最为丰富细腻的园林。

3. 视线的方向、远近、俯仰多变。半闲精舍中堂向北远望，平田远水，左右室则在林木中。东看竹林而近，竹梢之外又远看东佘山的山头。罨黛楼向北可望平原远景，楼下语花向东，近处有蕉，蕉之外可见远山。秋水庵可低平看水面反射，抬头看山。众香亭被花树包围，向高处可邀月，散花台向高处可饭鸟。聊复轩近处看花看柳，柳外看东佘山。妍稳草阁在高处，凭高向西俯瞰，可赏全园远近各景。

4. 北坡光景，水面反射构成明艳之势。从秋水庵逆光看半坡桃花，水中万斛红涛，势欲浮屋。三影斋看方池上山影、花影、树影，黄金白雪相对而出。竹阑水上看水月摇窗。

5. 园内自然水面与园外水系没有障碍，可通小船。园设一小舟，园主邀约友人游园，可携书载酒，划船出园，近可游松江各处，远游向南可至杭州西湖，北可至苏州太湖。以一小园而能放情于山水，这在明代园记中极少见。

西佘山居整体的特点是非常“闲”，悠闲松散，对于四时和花树的细腻变化，园主体会得非常细，非常美。园记中基本没有提到它的建筑是如何雕饰的，也没有谈及建筑如何精美。园主喜欢简单优雅的生活，可是整个园林在景致上却不松懈，处处呈现出一种撩人的美感。

我们前面讲过王世懋的澹圃，整个园林都是很“澹”的：可粗可精，澹泊不羁。但是如果把澹圃跟西佘山居比，西佘山居也把闲散和恬淡做得非常有势，其势极为浓烈，但两园又有很大的不同。西佘山居美感的特点是浪漫，犹如乐感柔美而鲜浓。它已经完全不在意营造要华丽还是要质朴，不纠结于入世和退隐的态度。它追求的是浪漫的、流动的美感，体现得更为潇洒，有更高的艺术水平。这种美与我们研究中的其他明代园林的美颇不相同，与我们看到的清代遗存的园林相比差异甚大。

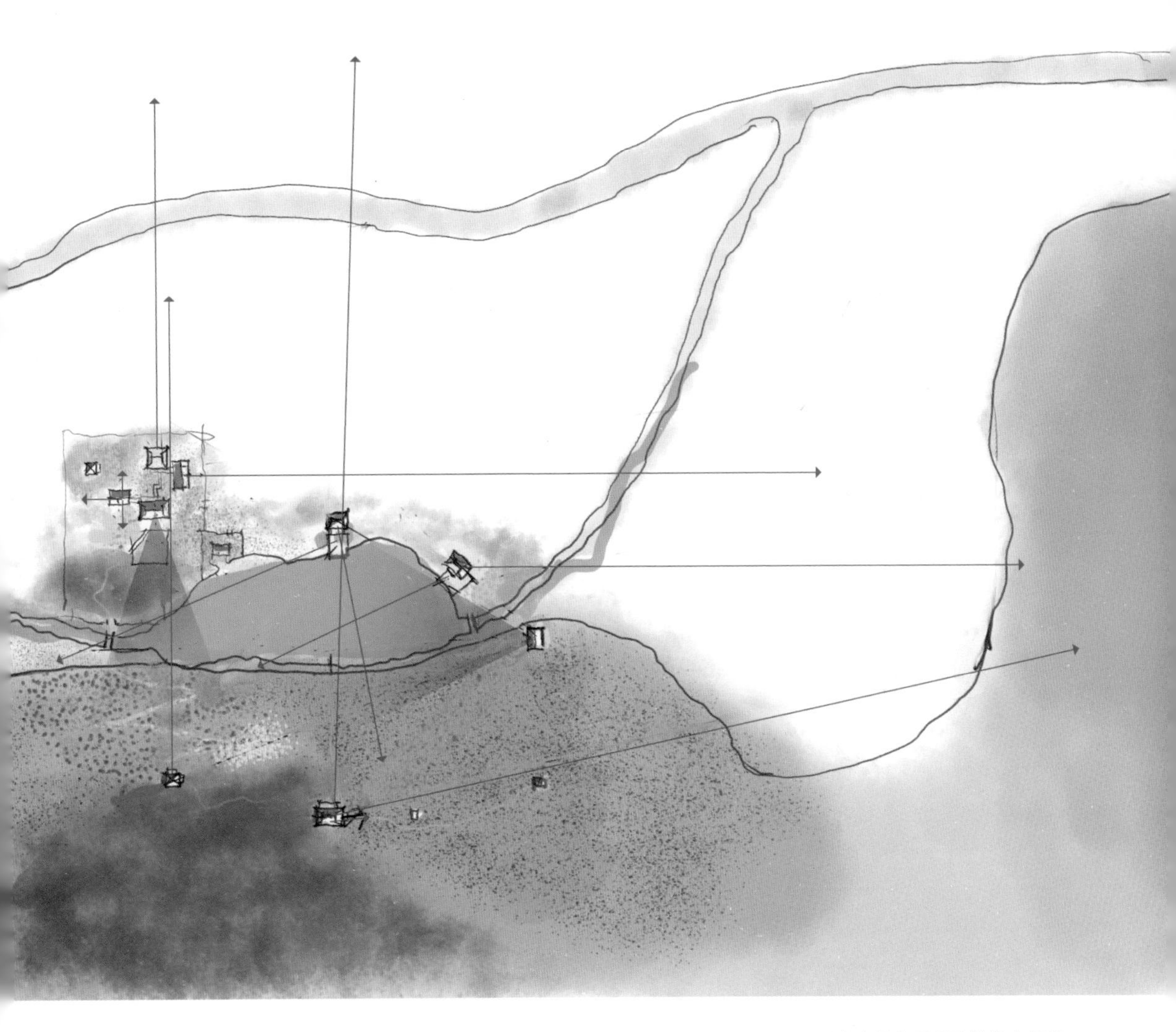

西佘山居总平面及视线分析图

吴氏园池

园境·明代十一佳园 | 第七园

建筑端严　泉涌　池丰　花盛　山崇　意远

吴氏园池位于江苏苏州，选址在苏州城西北方向吴氏宅院之后，宅内一角有小园精致小巧。吴氏园池指的是外园，外园东临大池，辽远开阔。园内有起伏的山丘地形和充沛的水泉，在山丘沟壑间营造泉石林卉，而在中心区则几乎不落建筑，只凭借山林泉石达成“气之撩人，不知所从”的境界。园境具备了极舒旷和极幽邃精致的园境，园或许并没有围墙，这应该是苏州私家园林利用自然真山水地势的独特案例。

明代刘凤的两篇园记，对园赞誉很高，认为它几可直追古代名园。刘凤对园的描述读来非常动人，可惜能用于园境推敲的文字断续不全或者难解。我们对两篇园记反复对照以后，只能重构出四组园境和大概的总图，尚待专家指正。

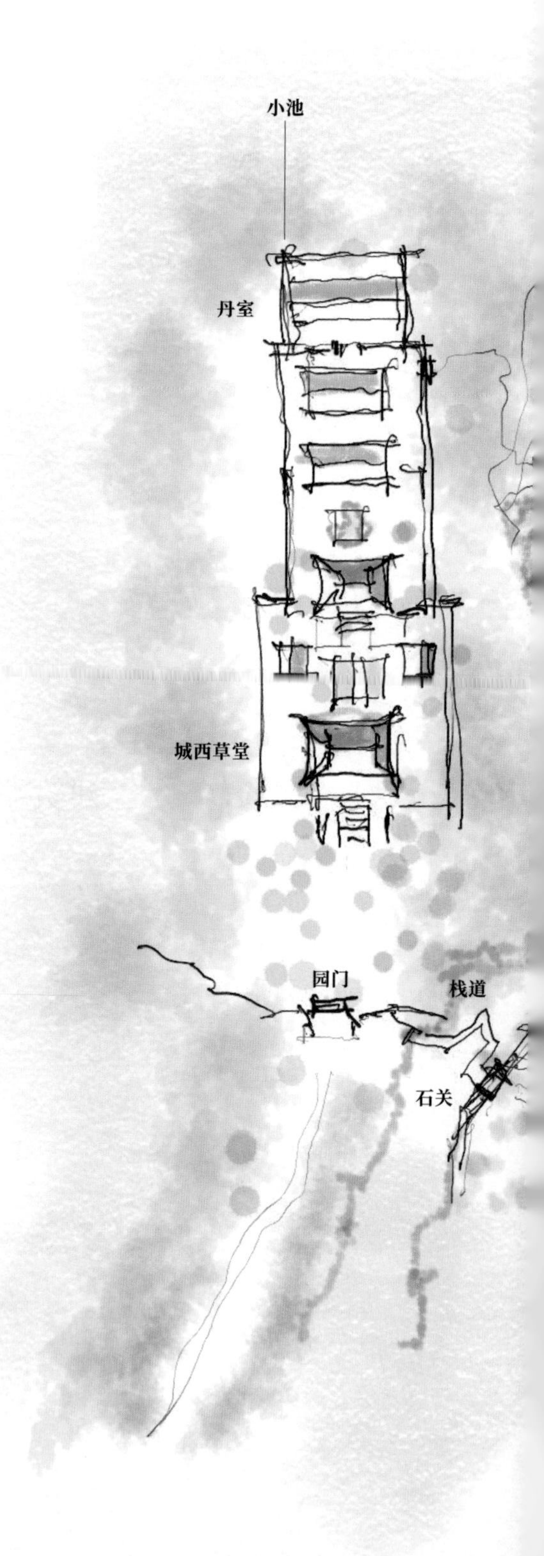

吴氏园池导览示意图

吴氏园池 | 园的故事

苏州位于太湖东岸，早在西周时期，周武王将此地分封给仲雍曾孙，在此建立吴国。到了春秋中晚期，吴王阖闾命伍子胥在太湖东岸建都城。秦始皇统一中国后，在此置吴县。隋开皇九年（588）建置苏州。宋代改苏州为平江府，明代又改回苏州府，但治所一直设在吴县。

很早的时候，先人们就在吴县开凿运河，使之西接太湖，北通长江，东可以入大海。因航运便利，吴县成为通商大邑，加上地处鱼米之乡，因此成为中国历史上长期富庶繁荣的一座城市。吴县还是吴越文明的发源地，千百年来此地人文荟萃。明代中晚期，苏州的造园活动十分兴盛，有记载的园子多达数百座。明清时期，苏州园林有“江南园林甲天下，苏州园林甲江南”的美誉。

吴氏园的创始人吴一鹏是苏州府长洲县人。吴一鹏，字南夫，号白楼，进士出身，官至礼部右侍郎，后为南京吏部尚书，谥号文端，后世称文端公。吴一鹏致仕后回到苏州，在其苏州宅邸之外建了一座堂，选郡中人才在此开课教育，培养出不少有名的、辅佐政事的士人。他将堂东规地为园，略有营造。

园的第二代园主是吴一鹏之子吴子孝，谥号贞毅，后世称贞毅公。吴一鹏晚年，吴子孝从吏部返回家乡。为了娱亲，他大力修缮这个园子，使其渐渐出色。

从文中推测，第三代园主叫九华大夫（其人不详，应是刘凤游园时的园主）。他接手略有残败的园林，以更大的财力扩建营造。最终，刘凤的园记称这个园已经大大盖过其初创之时，几乎可与历史上最为著名的兔园、金谷争胜。

刘凤，明代诗文作家，字子威，嘉靖年间进士，授中书舍人，曾在广东、河南为官，返乡之后，专心著述。《明史·文苑传》中说刘凤尚古，博览群书，所作的诗赋有数十万字，编纂成册有数百卷。如此大的诗文数量使他闻名于时，但他的文章也以文词艰涩难读而著称。

本案例所选为刘凤的《吴氏园池记》和《吴园记》两篇。

吴氏园池 | 入园路

始自其第之堂後廡，轉而右，又更一堂，穿其後，則爲曲堂，謻榭便房，窈窕連屬；循堂之右則爲道，詰屈以達石關，爲棧，可達于園，而園之門則在第之西……

——劉鳳《吴氏園池記》

故方及其門，則覺蕭蕭有人外想，而池色岸芳，遥來相引。

——劉鳳《吴園記》

入园路

吴氏园池的入园路从宅第开始。宅第中间是主堂，这是接待客人或者全家举办重要仪式的地方。转入堂后，沿北边檐廊往西走，在西边又有一座堂，继续穿过这座堂北面檐廊向西行。在此檐廊中向北看，可看见亭榭曲廊，层层幽深的一片内宅小园。继续往西出此大宅区的侧门，门外有一条路曲折难行，此路通往一座石关，它类似于山中关隘，或是村寨民众用毛石垒起来的厚石墙的寨门。出了石关，地有沟壑，一条架空的木栈道跨过这些沟壑。再往西行，才到吴氏园池的园门。一路上，穿行在比较僻野的自然环境，向北望去，可以看见有池水延展，池岸上花鲜荫浓，远远的十分诱人。

宅与园分开，入园路不直接入园，而是从宅的中心开始。从宅中堂后檐廊开始，一路呈现出建筑院落围合的环境和野地自然生长的环境两种场景，以此作为入园的序幕。

入园路 平面示意图

堂后誃榭便房场景示意图

势的要点：规矩精致，自然苍野。

形的条件：

1. 宅院一园林相近，但是有一小段距离。

2. 宅院内有精致小园庭。

3. 宅院外，地僻野，略远处可见山池。

形的设计：

1. 从宅入园路穿过宅的园庭，再穿偏僻野地。

优点：路不太远，而景象反差很大，给人印象深刻。

2. 从宅到园，有四道门。

优点：○每一层门都开启一种景象；路不太长，景象转换快。

○每一层出门，都有远离而去的意味；层层远去，最后再入园门。

3. 设石墙石关。

优点：增加苍野偏僻的意味。

4. 石设置栈道，跨过地势的沟壑。

优点：○栈道与石关配合，更有苍凉、古野的历史感。

○再配合远处明丽的山池景象，入园路独特而有力。

僻野诘屈小路，远望隐见山池场景示意图

石关场景示意图

吴氏园池｜小池 奥室

室（丹室）西北隅依檻爲小池，礱甓砌珉石爲底，魚泳焉，影若空懸；又爲奥室，鳴琴宴坐于内，冥思遊神，時適鈞天帝所，故標以「青華」。丹室前爲庋閣奉佛，此最其邃僻幽偏者也。

——劉鳳《吴氏園池記》

小池 奥室

园主吴一鹏做官回来后，在这里建城西草堂开课讲学。园以此为起始，以后扩建很多。堂前是讲堂，堂后有小池石桥和左右的歌钟翼室，后面再有一堂，堂后还有两座斋。讲堂之后形成一组纵深布局的院落。最后的斋后面，又有一门，进门是高墙围合的院子，中间有一座五开间的房子，叫作“丹室”，“奥室”即在其内。

丹室的后檐廊，西北角设置了一处方池，在檐下依着栏杆。方池很小，池壁砌筑的石头都是精磨细砌，显得十分简洁精致。池底铺的石材白得像玉一样，一池清水明净透亮，池中养了小鱼。水清澈见底，衬着雪白的池底，小鱼影若空悬。池前设了小室，布置陈设精致古雅，叫奥室。园主在此处弹琴观鱼冥想，觉得像从天国观尘世，自己如天神一般。

经过了重重的院落进入丹室，人们会觉得非常深幽，这是园子里最

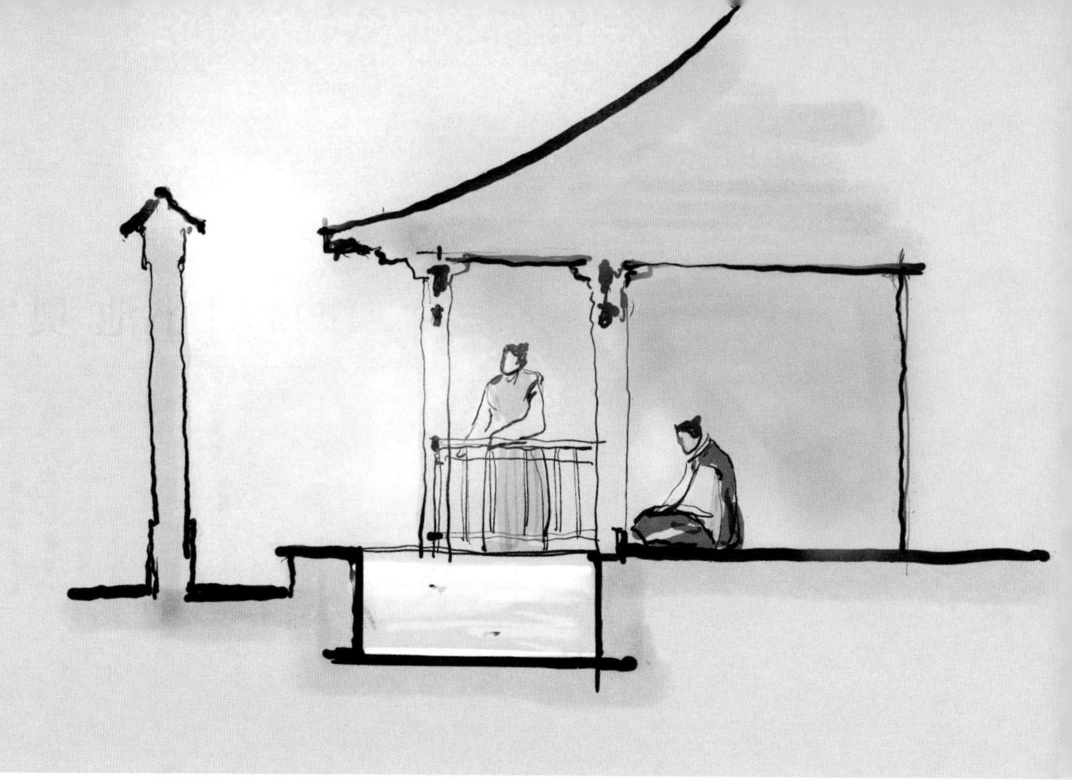

丹室 小池 剖面示意图

为深邃和幽静的地方，好似远离了尘世和人群，也远离了一般的山水树木，室内环境简洁纯粹。园主在这儿打坐冥想，俯瞰池鱼，想象着自己高居天帝的居所俯瞰。

从丹室出去向东，很快地势就高起成小山，山上林木茂盛，山顶有一座玉山草堂，它的位置高过树林。从堂上往外看，高旷的天空和遥远的大地，远近起伏的山岭和延伸的田野，好像看不到边。

丹室深深地坐落在一个高墙围合的院子里，玉山草堂则是高高地超出树梢之上，两者形成一种反差。

丹室 小池 玉山 玉山草堂 空间关系示意图

势的要点：幽，邃。

形的条件：极小空间，高墙深院。

空间要点：

1. 大园林中创设极小尺度的园境，为“最其邃僻幽偏”之处。

2. 空间的围合：尺度不大，多重围合套叠。第一重围合是后院，建筑与高墙；第二重围合是建筑的檐廊栏槛；第三重围合是奥室。三重套叠，空间深幽又丰富细致。

3. 空间的光：一隙天光，照亮白墙高处；檐廊之下有影，有反射光，漫反射光；界面有深色、浅色，有实的墙面，有虚的木构架；水池在最低处，但是池底为白色而明亮；水面有折射、反射，水底有反射，光的层次细腻丰富。

4. 空间的静：石池中鱼，影若空悬，空而静。柳宗元在永州八记的《至小丘西小石潭记》中记述小石潭，水极清冽，潭中鱼“皆若空游无所依。日光下澈，影布石上，怡然不动”的景象。石潭，水极清冽，鱼若空悬。

5. 后院内容虽多，但都指向“空”。

专论 | 精致的小方池

吴氏园中这个小方池的动人效果还来自精致：石材的仔细选择，池底面特别用白色石板铺就，池壁应该也是磨石对缝的精细砌筑，小池水清透莹洁如无物。方池很小，如果是一般的垒粗石、筑泥底，绝不会有如此空明的效果。

小池如此，它所依附的建筑也相称。建筑后有檐廊，檐廊有栏槛，这是讲究建筑的配置。后檐下的檐廊以及奥室，应该也是用材讲究，精工细作，建筑与院落应是品质相当。

明代的工艺，我们从明式家具中可以窥见一斑。明代工艺不仅技艺精湛、取材考究，而且其整体设计有很高的审美水平，创造出一批简洁优雅的作品。社会需求方的艺术水平高、工匠的技艺精湛、用材考究，这三者在明代结合，产生了明式家具。这个案例显示，在明代一些建筑和园境营造中，这三者也能汇聚起来，创造出简洁精美而优雅可人的作品。澹圃的明志堂一区，可能也是这样。

明代园记中方池出现很多，清代则多为自然形态的水池，这是园林趣味和营造手法的进步。但是从家具看，明代到清代的转变，呈现出从清简优雅变为沉重繁复的特征。方池，假设有精准细雅的营造，与自然环境相配，应该有其独特的动人魅力。现代城市景观中的几何形水池，有不少非常精致简洁的案例，可以与之参照想象。明代精致的工艺如果渐渐消失，方池的魅力也会难以为继。清代园池改为运用自然形态的池塘，形式自由，很有画意，用工用料也得以减少，可说是失去精致工艺之后的反败为胜，因此别开生面。

吴氏园池｜玉山 东山 泉石

東爲「玉山草堂」，則穹然出諸林上，標顯爽清，高曠疏逖，以遐矚遠引，夷肆恬漠，延納無垠者也。其竦峙者爲山，則《禹貢》所謂鉛松怪石，盡搜具區之藪而致之，岩巁崔嵬，乃效夫高嶠絶崿，而中一峰突起，奇秀若雲霞蔚興。山之陽即文端公玩易處，繞以泉石，嘗取涪翁句題其上者也。乃益正其阤傾，灑而高岸隈隩，流水瀐瀐，曰「直泉」者，涌泉也。沃泉懸出側出，曰「氿泉」，而爲睹、爲渚。穴出者爲洞二，曰「神清」，水淫之石巉潛其上可涉所謂「阯丘」者耶。洞固烟霞所自興，雖假人力，若凝結而成者，則王爾、般輸之巧與。中爲石佛、床竈躡級而升，可躋其顛，是爲東山。山之狹而長曰「隋」，《詩》曰「隋山喬岳」者也。有峰，尤陵巀奇峭，其最高處山脊曰「岡」者耶，可以盡覽園林之勝。若其榮木嘉樹，瑶卉异芳，來自絶域，則散央垂實耀采，老蔓動摇于阜陵陂陁間。菡蕭蒨曄，其屬非一。而修行緣坂上下，便娟冪歷，藹藹斐斐，蓋其土之壚埴，是曰「五沃」，其于樹藝也宜。降自山而西，有亭翼然，亭踞小洞之上，而洞東向，以賓出日，是曰「朝陽」。

——劉鳳《吴氏園池記》

逮循山梁，入幽樾，踐危磴，窮障塞景，氣之撩人，不知所從……若行石城金室、沈羽流沙之野……樹菊數千，煌煌扈扈，芳桂爲嶺，騰林拂煙……

——劉鳳《吴園記》

玉山　东山　泉石

玉山上下，叠奇峰异石。园主尽搜太湖区大小水泽的奇石以造玉山。山之南，泉水缭绕，崖壁陡峭，高岸曲折，形成深曲的水崖，流水瀸瀸。有泉从地上涌出，有泉从悬崖侧流出，有泉从石洞深穴中溢出。水泉中有小岛，有踏步石，水石错杂，步行可涉。山侧石洞，虽是人造，却似自然凝结而成。山石水泉，巧如班输所为。叠石延至东山，有石洞涉水，中有石佛石床，拾级而上，可达东山高处。

东山狭长，山顶有石峰奇峭。山脊有石冈，俯瞰可尽览园林之胜。东山上下，优美

玉山 东山 泉石 场景示意图

繁茂的树木伸向高处、坡上，奇异的花卉鲜艳夺目，垂挂的果实光彩耀人，古藤蔓如盖，掩映在山势蜿蜒处，古藤花开明丽，在风中轻摇，数千株菊花，阳光下煌煌烨烨。草木荣滋，奇花异卉轻盈姣好，披纷于东山上下。香风馥郁，文采华美，令人沉醉。

玉山南麓与东山西坡围合之山谷，是泉石缭绕之区。玉山以奇峰异石，危岩巧洞胜，山下湿地，岛石与水泉相交延至东山。东山较为长大，以荣木嘉树奇花异卉胜，从山岗顶上的山脊，沿山坡延至水泉岸边。

势的要点：深秀、奇美、华丽。

形的条件：原有一大一小两土丘，之间谷地有水泉涌出，是湿地。

形的设计：

1. 将小土丘叠成石山“玉山”，叠石延至水泉区，再连至大土丘东山；大小两山围合水泉区。

2. 玉山上建堂，突出其高耸之势，玉山成为精美的高峻石山。

3. 将东山山顶叠石峰石岗，助其高耸；两山对水泉区形成三个方向的围合。

4. 将东山表土换为肥沃黑土，引入异域花卉植物，精细设计，花卉分类成片配植，随坡覆盖，花与果实的色彩与原有的荣木、嘉树、老藤相配，在风中轻盈摇曳；东山成奇花异木披纷的华美山坡。

5. 涌泉引入石山，从石洞流出，泉清冽丰沛，泉涌变化动人；用水中沙洲、岛屿、石矶增加空间层次，形成深秀水境；整体有明瑟奇异之势。

吴氏园池｜大池

山之東爲「文昌閣」……閣之後，水帶之，所謂「溹辟」，流川挾雨，聲淙淙不絶。而水所溢出爲澤，則有池汪然……而池之中有屋若舟，又若紼縭之維浮梁也。水上茄荷被之，的皪芬馥，嫋嫋瀟術。其東又爲翔鶴所憩渚，時鳴舞應節。北植桂，曰「桂嶺」。復降，由池中石梁至北岡，則轉入竹林中，颼瀏縟綉，與風摇�院，旭日映之，荷氣時襲，飛音傳響，此其幽勝不可名狀。

——劉鳳《吴氏園池記》

而漂滲激越，冥緬遼邃，凄戾寂歷……芳桂爲嶺，騰林拂烟，霜鶴晨警，玄猿宵唳，豐輝映人……

——劉鳳《吴園記》

大池

东山以东，有一座文昌阁，阁后有一条溪水。这是由东山周边多处水泉汇聚而成，水量十分丰沛。下雨天，雨声、流水声淙淙不绝，水溢出来成为很大的大池，水面非常宽阔，水很满，水岸薄薄的，大池看起来“汪然”。宽阔的水面当中，有一座漂浮的小屋，像一条船。那儿是养仙鹤的地方，仙鹤经常在周边嬉戏。荷花荷叶覆盖着水面，开花的夏天景色又美，气息又芬芳。文昌阁以北有一条小山岭，山上种满了桂花树，这条小岭叫作“桂岭”。文昌阁东，水面跨有一条长石桥。大池的北面也是山岗，生长着青葱的竹林，叫“北冈”。从长桥跨池水到北岗，进入竹林，清风吹拂，竹子随风摇荡，声音如同天籁。

黎明时分，池上薄薄的晨雾未退。初现的阳光扫过池面，池水如镜。荷香微微飘散，山水之间寂静无人。一声鹤鸣，格外空净。园记中说：“此其幽胜不可名状。”空间之宽阔、空明、美丽，就像在昆仑之西。

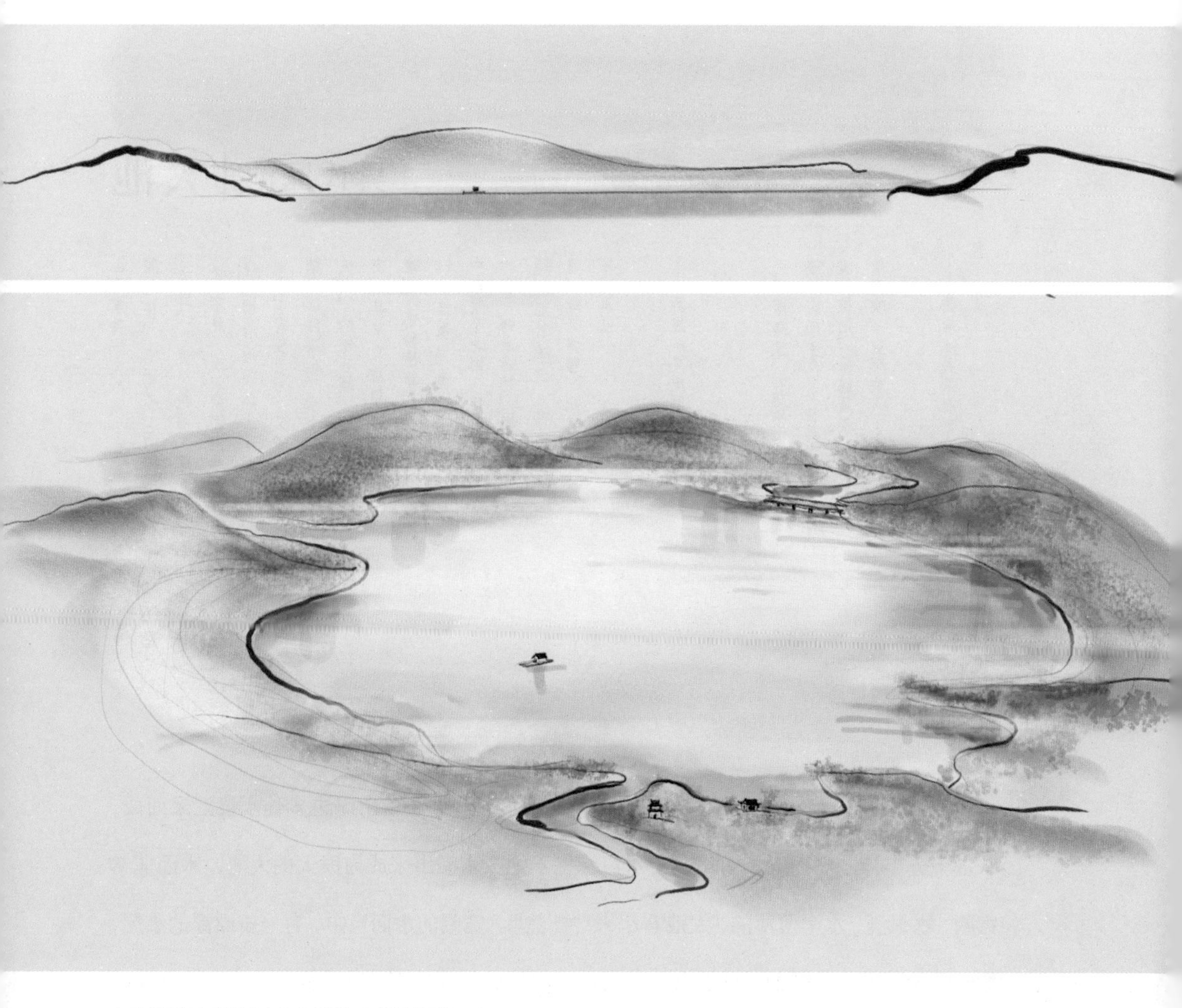

大池剖面示意图（上）与场景示意图（下）

势的要点：空明而大，幽邃而深。

形的条件：池大，岸远，浅丘树林缭绕；池上香花，薄雾，清辉，鹤鸣，空寂无人。

形的设计：

山悠远，水汪然，飞音传响。

疏旷和辽阔的形势，显然不是常见的私家园林小尺度的环境。吴氏园池东面的大池，应该相当宽阔。园林应该不包含大池，而是在大池西岸。

这样大的环境，却能获得幽静和深邃的势，有很多可以总结的方面。

1. 大水面沿岸被浅丘林木部分围合。水面获得围合若是比较多，空间会变得积极，空间感好。大水面如果完全无山丘，就不能得到围合的势。大池有山体围合常常能成为佳胜景象。

2. 光、色、温度的特殊交织。天色微明，晨曦渐露，寒湿的雾气伴着微微的荷香，寒凉幽寂的大地与初升温暖的阳光正在交替转换。这样独特的寂静是不会在正午出现的。这种转换在围合的山水环境中呈现，人的感受更加集聚，印象深刻。

3. 一声鹤鸣，水面有反射声、周边的山体围合有反射声，带有精细的回声，鹤鸣产生空灵的效果。

4. 大水面对声、光、景的反射，放大了这些美好和变化的强度。

这种辽阔而幽邃，在私家园林中极少能够呈现，让人联想到唐代王维的辋川别业，在蓝田大山中的那一处山间大湖。

吴氏园池 | 总体分析

吴一鹏宅园位于苏州城阊门外西北方向，明代刘凤两篇园记明确而具体地记载了园林这一带有多处小丘山岗，山麓多处有水泉涌出。有池且非常大，看上去悠远空明。

苏州古城阊门外西北，现已成为密集的城市建成区。城区沿河规划了一带民居风貌区，吴一鹏故居就在其中，那个区叫“七里山塘”。故居周边地形已不复丘池，但“山塘”之名保留至今。有条长河通往虎丘，叫“山塘河”。出古城阊门向西北，原有浅丘大池之胜。园记中的大池颇大，在明代这片浅丘大池应就是七里山塘，其周长若有七里，园记中的大池直径应有四五百米许。七里山塘向西北不远是虎丘风景区，此地有浅丘也不奇怪。

园与宅的用地内有山丘和水泉沼泽，外临大池岸边，选址和取势都很优越。

吴氏园池宅院在南，园林在北。园林的门在园的西南，园内三区从西到东直线排列，简单直接。城西草堂区，有一套五进纵深的院落。前二进为堂，中二进为斋，最后一进是丹室。五进建筑布局端庄，工艺考究精致。丹室小池位于极小一角，纯粹、精细达于极致。无须山石花草，高墙深檐下仅一方小池而成园境。清雅深幽，园主在此独处，修养性情。明代工匠精细简洁的艺术标准在这一套院落中应有体现。

山石泉池区，山为土石交叠，两山围合之间为泉涌湿地。叠石山峻峭高耸，泉池奇巧多姿，东山满坡花树，遍处芳菲。在自然要素的景象营造中，仍然极为精致考究。吴氏园池构思独特，效果惊艳，出类拔萃，在明代园记中仅见。

山石泉池区原来就有泉水从地下涌出，叠石用石山与涌泉交织组合构成山壁泉流和石洞泉流这样一些巧做的泉一石景象。池沼也有岛渚、石屿、石踏步等变化，使人能从水面上涉过，又能进入水洞而从洞中登上东山之巅。这样一片水泽与两山的山麓交织，曲折深秀，灵动多趣，在明代园记中极为少见。

《园境：明代五十佳境》中的露香园，有从大石洞内登山，后自山顶而出。而此东山原有土岗再接叠石水洞，从水洞登山顶，手法更加多变灵活。

东山之上，则更为别致。

明代园记所见，低矮花卉多用花圃。园林划出方地种花、赏花，可说是“农田式”的营造。也有园后花圃盆中养育的做法，开花时节将盆景移至前园观赏，可说是“盆花式”。澹圃在明志堂平台前设小池花石，绕以牡丹，这种花、石、水的组合，可说是“泉石式”的营造。这已经是比较独特。而吴氏园池将东山这座长条形的土山整体用来做花卉种植的景观营造，花卉在真山的山形地势上与原有的树木老藤一体呈现，形成大型花卉景观。工程费厚资而为，清理原有灌莽杂木，保留嘉树老藤，整饬山体微地形，置换表层土为肥沃的黑土，从异域引来奇花异卉，名贵树种，在漫山坡地上大规模整体配置种植。配植有明确的总体目标，具体处理各有匠心，养护管理精心细致。自然交织，景致华美多变，完全没有杂乱之感。山坡景象格外新颖，游人登山处于花果之中，远近上下前后掩映，明花暗柳老藤鲜草，天光和风之下，轻艳动人。东山花树又配以泉石池沼，园记可与古代兔园、金谷争胜。这样的处理在明代园记中罕有。

小池
丹室
玉山草堂
泉石
东
城西草堂
园门
栈道
石关
内园
堂
西堂
宅院

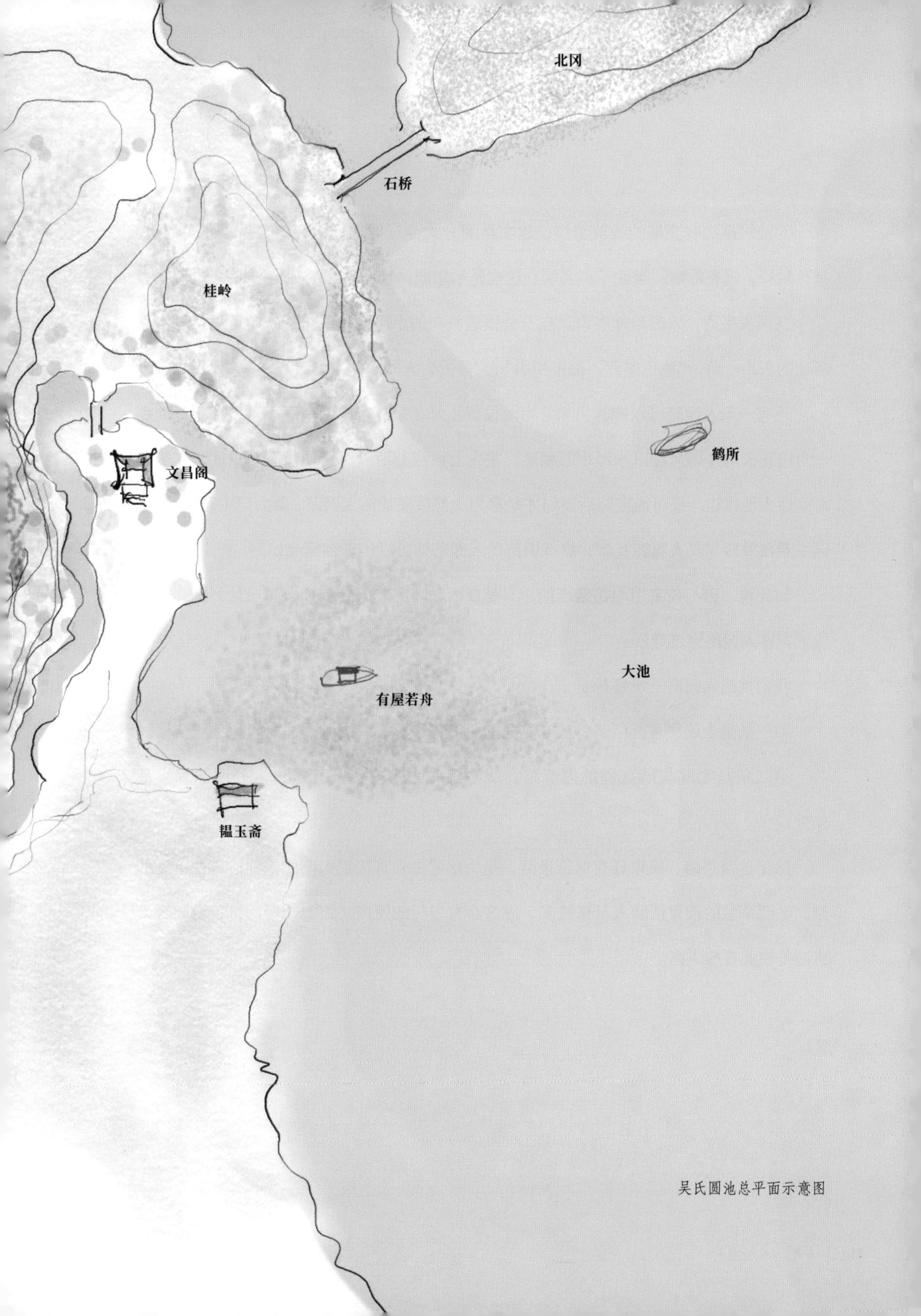

吴氏圆池总平面示意图

大池区岸边有充沛的溪流潆绕，建文昌阁；大池辽阔悠远，凄清寂静，黎明薄雾，荷香鹤舞，飞音传响，幽胜不可名状。这也是私家园林难以获取的独特园境。

三区虽平列，入园路却有奇。在石关栈道斜向的小路上北望，掩映中可见泉石沼泽所在的东山一角，“池色岸芳，遥来相引”，“萧萧有人外想”。

还有一条入园路可以推测出来。宅院位置正好在泉石东山的南面不远，宅院深处那一角内花园与外园可能以水泽山石相连。宅内北面应有后园门直通泉石东山区，也很容易到达大池岸边。很可能宅院后园门才是享用山池最便捷的入园路，备为园主家人使用。园主若在外园与友人宾客宴饮，这条内部的入园路则可以让来客宾至如归。

如此说，园与住宅用地是紧连的。只是在西北非宅非园处，插入了一片野区，有意设置宾客入园路穿过野区。

我们推测入园有三条路径：

第一条是上述宾客游园路，从宅院的堂西出，穿石关跨栈道去往园门。

第二条是宅院与园直通的内部路，从宅院北面的内花园直接进入外园的水泉最佳处。

除了这两条路，应该还有第三条路，是为求学之人直接进入园门，到达城西草堂的路。城西草堂的教育活动人员来往多，应该会有专门的便捷之路。一般而言，游园客人也应是由此直接入园。

专论 | 吴氏园池入园路与网师园入园路比较

园记描述对园的体验，大多数是从园门前后开始。明代吴氏园池的园记则明确说从宅第的堂开始。与此相类似，现存清代的苏州网师园也有一条从堂到园的入园路。

两园都在苏州，吴氏园池在城外，网师园在城内。从宋代平江府图上看，苏州城是座很密集紧凑的城市。不只宋代，唐代诗词中已经描写了苏州城内建筑的密集和气氛的热烈，而网师园就处于居民稠密的城内。

两园的宅第和园林靠得较近，宅第都在东偏南。吴氏园池的宅和园用地都很宽大，网师园的宅和园用地都很紧凑。吴氏园池宅和园虽然靠近但各用各的地，各有各的门，两个门之间还隔了一段距离；而网师园的宅和园是在一块地上紧紧地挤在一起，从同一扇门进出，用一面墙将它们隔开。因此，两园从堂到园的路就有很大的不同。

两园都有入园路以宅的中心堂为起始点，并且都在这条专属的入园路造成了独特的效果。网师园有三条路入园，吴氏园池应该也有三条路。从堂开始的路应该都是重要宾客和亲友使用的专属路。

吴氏圆池总平面示意图

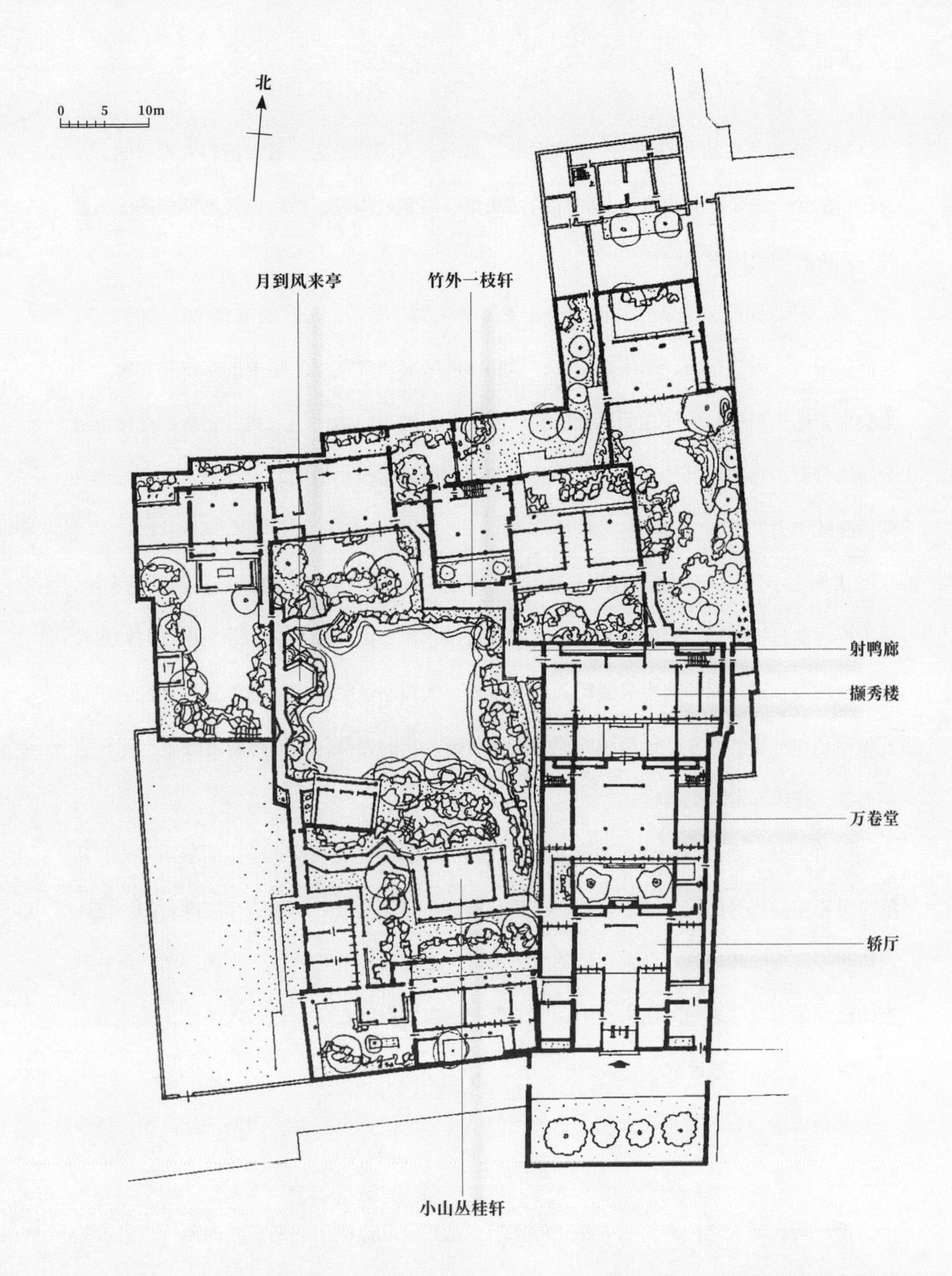

网师园总平面示意图

网师园从住宅的大门进去，分成两路。第一条入园路是为一般游园客人准备的，从进门后的第一进轿厅分出去，从轿厅的西北角小门穿过侧院，然后进入网师园的小山丛桂轩，但轩的周围景象一般。

第二条入园路就是从堂到园的路。宅第中央的万卷堂，是全宅最具仪式感的厅堂。它面积很大，纵深很深，高度特别高，堂和前院紧凑却很气派。重要的亲友和宾客，主人会请来这里相聚。大厅之后紧紧围着一面高墙，过小门后便进入撷秀楼。撷秀楼也被高墙围合着，它的底层是花厅，花厅后面的西北墙角有很小的门，一推门，就直接进入网师园的中央。

出深宅小门，人即处于园的半亭当中。看园中格局，半亭背靠高墙，前面是大池，隔水相对的是一座造型奇特的高亭。它的南边是水岸、山石和花树，北面相连射鸭廊和竹外一枝轩，这是网师园中央最动人的观景处。入园路从宅第的最深处直接通往园子最开敞明亮和舒畅的地方。这是跳跃式的先抑后扬，它的先抑，压抑得非常敦厚幽深；它的后扬，扬得非常响亮畅爽。

傍晚时分，西面斜阳晚霞池亭美景在入园的一瞬间更加触动人心。而黎明时分，从清凉暗影中看到对面园亭披上朝霞，也景象不凡。这又是一处从东边暗空间开门，进入西边明媚园境的转换处。从入园路的组织上看，最为典型的礼制空间格局在前，从礼制空间格局的边角“逃逸”出去在中，闲云野鹤的自由空间在后。这条入园路，连传名已久的留园入园路也难比肩。

吴氏园池，它的宅也在东南，它的园门也在西北。重要宾客入园路从堂开始，可以分三段。

第一段在宅院之内。宾主先在正堂寒暄，从正堂北边檐下的廊子转向西行，进入侧院。注意，这不是退出堂而离开，而是进入堂后再离开（这一点与网师园相同）。西院又有一座堂。从堂的北廊下向西走，而不是从堂前南廊走。入园路保持在宅院深处行走，向北可以看到宅院深处园林的景象。经过、看见内宅深处内花园一角，再出宅院。

第二段在荒僻悠远之地。这一段像是野地，地界虽然荒野，但是透过花树看见远处地势微微起伏，有池水延伸，有沿岸芳草，也有自然郊野的景象，苍茫中含有优雅迷人的影调。

第三段是凄清苍茫之路。石关如要塞，关外临沟壑，架栈道，穿过栈道以后才到园门。石墙和石关，关外的栈道，好像古战场的遗迹，带出凄苍古野之意。

从规整的堂，深深、悠远宁静的宅院，再到苍古的石门栈道，用一片野地实现了很大的意境转换。然后才到园门。

这条入园路，充分利用了宅园之间分开的一段距离，营造出偏僻悠远、凄清寂静、野而有韵致，好像不在尘世中的效果。

明代的吴氏园池和清代的网师园，它们相同的地方是入园都从宅第的堂开始。在艺术感受上，堂用来作为园林的一种反差存在，是将非常规制和非常自然这两种环境予以对峙。吴氏园池和网师园的营造理念可能是比较接近的，可是处理得却大不相同。

从堂开始进入园林，应该是中大型私家园林常用的重要入园路径，这一特征尤其值得关注。

熙园

园境·明代十一佳园 | 第八园

层峦古木　清池春花　梅檀钟梵　明晦开合

田野远村
齐青阁
小秦淮
水月如来
与清轩
内庭区
菌阁
响屧廊
土阜山花
罗
汉
堂
区
山花盆地
听莺桥
芝云堂
峻
岭
深
壑
入园路
华沼
深山古树
南山径
熙园
四美亭
入口

熙园导览示意图

东面大池

熙园位于上海市松江区，选址于城近郊土丘杂林地带，占地百亩，东面临大池。熙园在小丘杂林中做出如在大山深处的园林景观，要点在于对山谷沟壑围合成的各种空间环境做出了富有想象力的设计，构想思路开阔有意趣，园境反差大，不落俗套。园境设置比较密集，却因山林的阻隔而互不干扰，不同的园境之间转换迭出。熙园是一座高水平的园林。

熙园有两个中心并列。主体是园林区，是景观园墅区域，占地很大，以芝云堂为中心。另一个是寺庙，寺庙设有罗汉堂，建筑规模应该不小，装饰等级也高，占了西部一带用地。

熙园 | 园的故事

熙园位于明代松江府积善桥左，为万历年间光禄署丞顾正心的别墅，张宝臣为园作记。

自明代起，松江府私家园林渐渐多了起来，除了顾正心的熙园，还有倪邦彦的古倪园、范惟一的啸园、顾正谊的濯锦园等，可称园林荟萃。本书所选园林施绍莘的西佘山居，以及《园境：明代五十佳境》中陈继儒的小昆山读书处，都相距不远。

在清代赵宏恩《(乾隆)江南通志·卷三十一舆地志》中记载："在华亭县积善桥左，明光禄丞顾正心别墅。"熙园修建于万历年间，占地超过百亩。到了清代，熙园的胜景已经被毁坏。乾隆年间华亭籍的文人沈大成在《学福斋集·文集卷十一》中提道熙园已经只剩一座太湖石了，园林的种种繁盛都"化为寒灰，荡为冷风"。现编上海市地方志中记载，

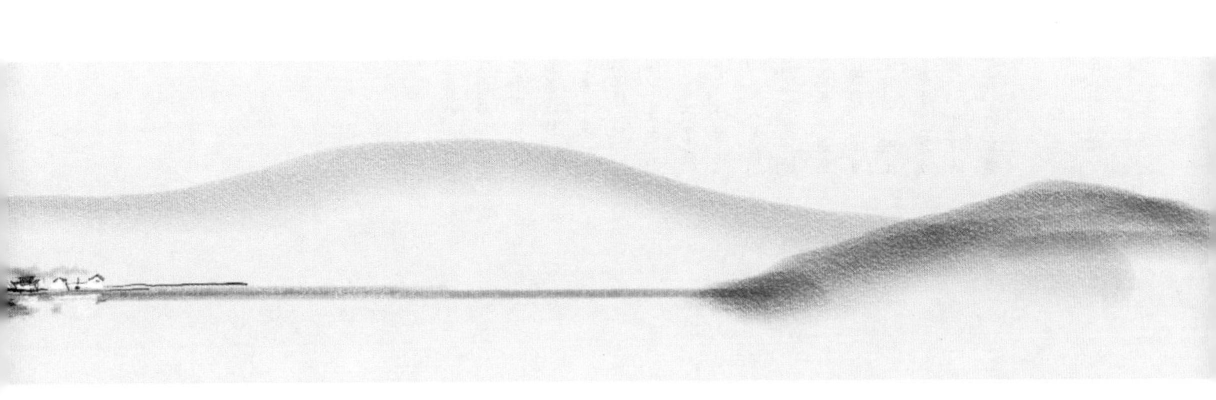

与清轩临 大池 剖面示意图

此园最终于清朝末年毁于战火。

熙园中有一座巨石，位于罗汉堂前，叫作“万斛峰”，据说是宋代米芾《石谱》中有记录的名石，是“花石纲”的遗物。清代乾隆年间，这块峰石被浙江巨商买去，放在杭州孤山乾隆行宫文澜阁前的大池中，更名为“仙人峰”，以呈乾隆御览。文澜阁后来又几经兵火，命运多舛，惟独仙人峰依旧立于池塘的中心。

熙园园主顾正心，字仲修，号清宇，华亭府人，是明代当地的巨富。他性情仁慈重义，喜交结朋友，好行善事。明代的王圻在《续文献通考》中记载：顾正心见当地民众劳役苦重，就拿出田地赠于贫民，当时的御史中丞将这件事上奏，以光禄署丞名号作为嘉奖。

熙园 | 入园路 听莺桥

園距東郭三裏許，面水而門。門以內爲「四美亭」。啓左扉而北，落落長杉，蕭蕭疏竹，夾植徑中。行數十武，而危樓翼然，榜曰「熙園」，是園之啓途也。東入山徑，蒼苔碧蘚，似武陵道中。折而北，俯仰盤旋，陡入深壑，嵌空中時聞淙淙聲，疑山背有龍湫焉。復折而南，逾峻嶺，下層巒，劃然天門開，則流觴曲水在其下。駕水爲「聽鶯橋」，花時趺坐，睍睆盈耳，可當數部鼓吹。

——張寶臣《熙園記》

入园路　听莺桥

熙园在城的东面，离城一公里有余。园门对着河流，门内接一座“四美亭”，亭的四面都有门窗。出东边的门向北，有一条小径，小径的周边夹着高高的水杉和细细的竹子。沿小径行几十米，正对之处有一座小楼，仰面看，屋顶飞檐如翼，楼上挂着“熙园”的牌匾。真正的入园便从这里开始。

向东去是进山的小路，路上长满了青苔，像很久没有人走过的荒路。路在山间弯曲转折，像是通往武陵桃花源去的神秘小路。路一会儿向下，如进入山间的深谷，一会儿又向上，像攀上陡峻的山崖。山中无人，非常寂静，隐隐能听到流水声，仿佛山后有溪水深潭。

在山中深谷曲折前行，最后来到谷口，谷口高而陡，高如天门。一出谷口，空间豁然开朗，谷外是一处山间的凹地，像一个小小的盆地。

入园路场景示意图

谷底有弯弯曲曲的流水，水上架了一座桥，周边的坡上满是花树。春天，花开满谷，各种鸟儿在花间嬉戏鸣叫，园主在桥上盘膝而坐，清脆婉转的鸟鸣声盈满双耳，园主就像沉浸在天籁之中。这便是熙园的“听莺桥”。

听莺桥场景示意图

势的转换：从山径到盆地，暗转明，窄转开。

势的要点：

1. 盆地：宽松，明艳，围合。

2. 桥上：在中央，下有溪水，人在空中；深陷于花环、鸟环、声环、阳光之中。

形的设计：

1. 山路：空间逼仄曲折；苍野坎坷，光线幽暗，视线闭塞。

2. 盆地：空间略大，围合如浅盆地，有内向性；明媚疏朗，视线适度放开，下有溪流，周边有山花。

3. 谷口：从窄暗到宽亮，转折突然，以反差景象衬托盆地；谷口窄高有势，谷口连接在盆地半高处，俯看盆地低处流水，仰看高处山花。

4. 桥：在盆地中间架设，人位于空间的中心，不仅是平面的中心，也在高低的中间。

熙园 | 芝云堂 华沼 南山径

倚橋面南而臨者，「芝雲堂」也。其陽則疏峰萬叠，古樹千章，蒼茫雲際，而下則華沼一曲，荷香十裏，不減「太液池」頭。好事者每欲窮其幽眇，則入西麓，出東隅，如登九折坂、入五溪洞，怪石巃嵸，林薄蔭翳，幽崖晦谷，隔離天日。自午達晡，始得穿竇出。客外坐方饑疲欲卧，而出者皆目眩汗浹，魂摇摇不能吐一語也。

——張寶臣《熙園記》

芝云堂　华沼　南山径

听莺桥跨过山溪，一座堂屹立于桥头，这堂叫“芝云堂”。

从芝云堂往南看，是层层叠叠远去的山峰。山上的古树浓密，古树枝干高高向上，几乎要与天上的云连起来。堂下是水，水中种了荷花。夏日，在芝云堂上，荷香阵阵，就像在太液池边。重重叠叠的山峰，高高的树林，环围着这一泓池水，看上去非常幽深。

好奇的客人想一探幽深，就出芝云堂进入南山径，去体验那片山林。山路曲折迂回，有时候向上攀登，有时候向下穿过深峡，有时候沿着溪水前行。一路怪石嶙峋，山势起伏。山间的古树浓密，树荫使得山谷幽暗。向前看，山路似乎深不可测；向上看，林木遮天蔽日，看不见天空。

这一条山路曲折、坎坷、深长，环境变化多端，游人下午进山，到傍晚才从山中出来，回到芝云堂。堂上等待的客人已经困意十足，而从山中出来的客人，个个汗流浃背，惊魂不定，这山路上的奇观，惊得他们连话都说不出来。

芝云堂 华沼 场景示意图

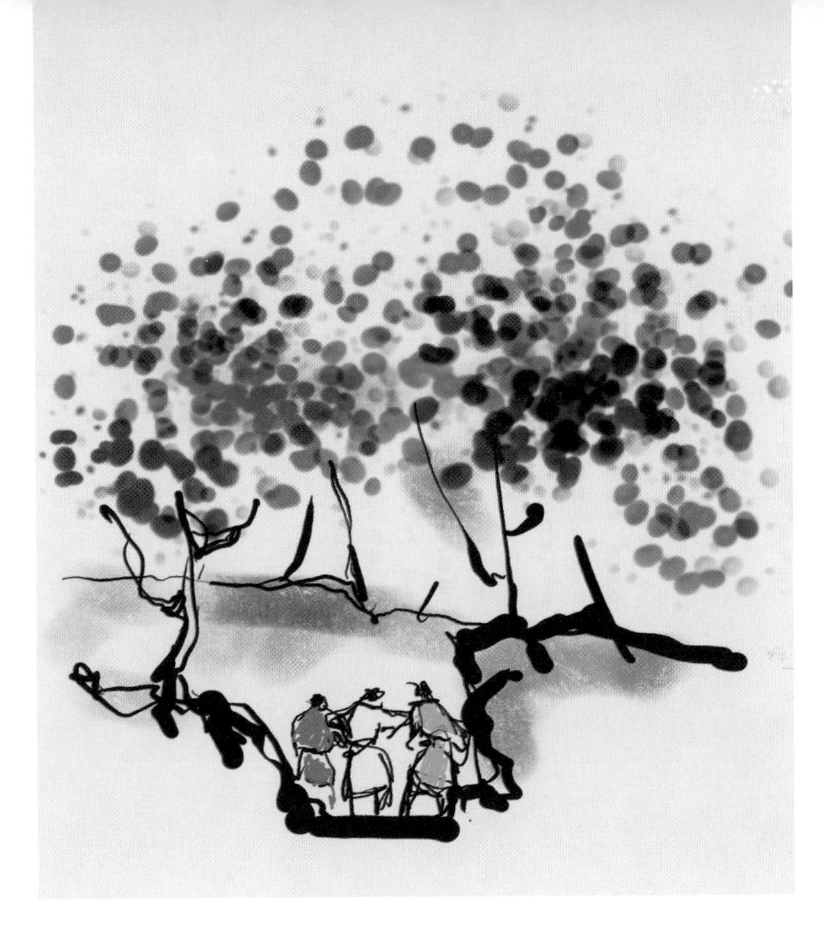

幽崖晦谷之南山径场景示意图

形的设计：

1. 山峻：峰峦层层叠叠，望之不尽。

2. 林高：古树千章，树冠高大如上云霄，树荫覆盖峰峦山谷。

3. 池深：池在山林深处，池上荷花华丽，荷香浓郁，池水景象华美。

4. 堂开：倚在山半，凭高临池，平望山峦，仰观古林，俯瞰嫩荷，汇周边山池四时之景。

5. 小径入山，上下曲折，历幽崖晦谷，坎坷而出；险兴奋与宁静悠然，两种势并存一区。

熙园｜菌阁 药房

其陰則菌閣、藥房，霓連雲蔓，復道相屬，行者每失故道，商、周之鼎彝，唐、宋之圖畫，紛披闐騈其中，不可更僕數，則主人安神思玄之所，非酌霞枕香之友，弗能到也。憑樓西眺，璇臺飛觀，隱隱樹杪間，冠以玉樹瓊花，毿映下方，令人可望不可即。

——祁彪佳《寓山注》

菌阁　药房

芝云堂的后边，是一组幽深的房屋，错落而紧凑，有药房和菌阁。

药房，是用一种考究的方法装饰的房屋。有种中药叫作白芷，把它研磨成粉，做成浆料，可以粉刷室内的墙壁。这样的房间不仅明亮，还略带药香，能防虫、抑制霉菌，是独特考究的室内装饰法。珍贵的书画、古籍善本收藏在“药房”里，可使得它不被潮湿霉菌和虫害侵袭。此外，药房对人的健康也特别有利。

菌阁的造型别具一格，是一种阁楼样式，它的平面为圆形，屋顶像一把伞一样地张开，形式上有点像蘑菇。

这一组讲究精致的房屋用曲折的回廊连起来，整个空间看上去曲折幽深，里面空间格局复杂，不熟悉的人进去会迷失其间。这一组房屋，厅室中商代周代的青铜器、唐代宋代的字画与名贵古董到处陈设装点，多不胜数。这是园主安神静思的场所。上到菌阁的楼上向西眺望，从树的枝叶间可以看见西面的楼阁台观。树林之外的那些楼台看起来很美，似乎是另一个世界。

这个区域在芝云堂后，应有浅山疏林围合。不是园主最亲密的朋友和至亲不可能进入这里，它是园林当中最深静的地方。

形的设计：

1. 山林：围合，掩映。

2. 廊房：考究，密集，紧凑，曲折，复杂多变。

3. 陈设：名贵，华丽，古雅。

4. 有阁，可隔树向外眺望。

熙园｜响屧廊

堂之左，爲長廊響屧，隔岸土阜蜿蜒，雜植梅、杏、桃、李，春花爛發，白雪紅霞，彌望極目，又疑身在衆香國矣。

——張寶臣《熙園記》

响屧廊

芝云堂的东面架了一条往北去的长廊，长廊叫“响屧廊”。廊子紧靠芝云堂的东墙，那里应该已经不是平地。因此廊的地面是架空的木板。它贴着芝云堂东山墙，架在沟壑之上，向北延伸。长廊隔着沟壑向东面开敞，对岸蜿蜒不绝的土山上，梅杏桃李，花树满布。游人在长廊上看满坡的花烂漫璀璨，格外兴奋。

廊子的建设没有填沟壑为平地，而是架设跨越。山丘的起伏不羁与廊道的平直轻盈，互相衬托有趣。

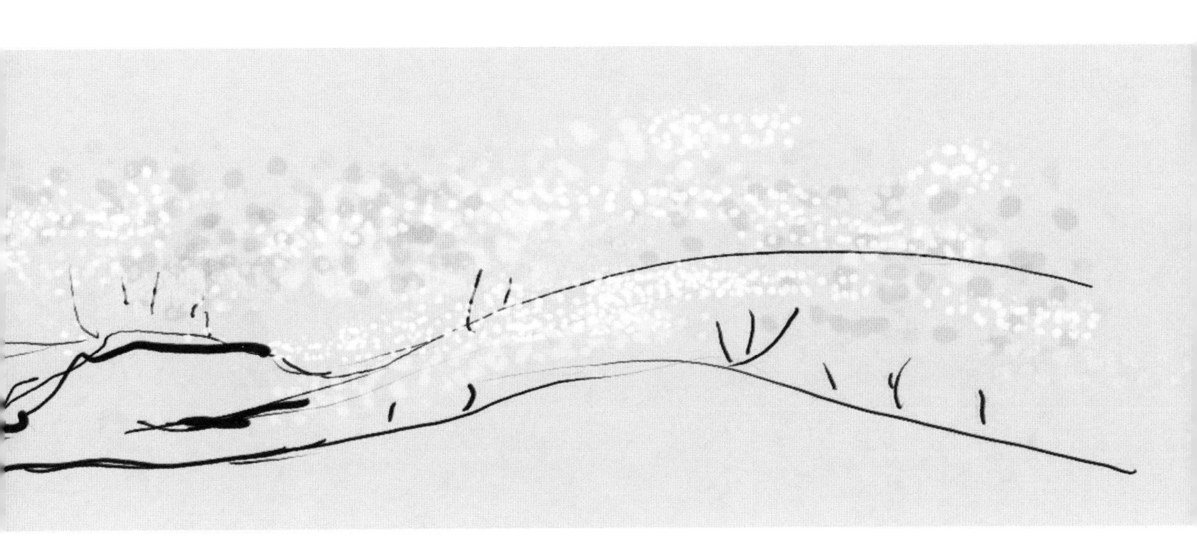

响屧廊剖面示意图

势的要点：轻灵，明艳。

形的条件：堂东向土坡沟壑，山花满坡。

形的设计：

1. 架空长廊跨在土坡上，走向向北，开向向东。

2. 廊与堂东墙连接。堂的正面是深山深池，堂的东侧长廊，廊外长满山花。

专论｜响屧廊与地面架空

日本古代的木结构建筑传承自中国古代建筑，但有一点后来与中国的发展却很不同：室内的地面。日本传统建筑中较好的房间，地面都是架空的，铺榻榻米或木地板。房屋中最重要的界面，既不是墙体，也不是门窗，而是地面。地面被精心铺设，每天都要仔细清洁维护。重要的建筑，地面用既宽又厚的很考究的木板。在这样的地面上席地而居，日本人发展出一整套独特的室内生活方式。纹理漂亮的木板地面，或者整洁的榻榻米地面看起来温和，触摸也柔和温暖，可以呈现出精细或者朴拙等不同的品味，这成为日本传统建筑艺术的独特表达界面。对地面的重视也体现在日本的园林中。因在室内席地而坐，望向院落的视线低平，园林景致通常精细小巧，也对地面的布置非常用心。房屋门窗与室内装饰、室外庭院地面等的设计都因人的视线接近地面而变得不同，从而发展出独特的工艺处理和艺术风格。

架空长廊示意图

中国古代自从发展出桌椅床榻，就改为垂足坐的高位置、高视点的室内生活方式，地面并不受到格外的重视，即使铺砌考究，也多用砖石，而建筑的门窗、天花板则得到更多关注。但是，中国对于有架空木地板的建筑还是另眼相看。楼阁的上层常以木楼板架空作为地面，架空木地面的楼阁厅室，令人高看一眼。

中国古代园林中的廊子，随着地形灵巧地转折起伏穿通，美化了欣赏园林的体验。灵活的屋顶在林木间掩映，廊子常是随高就低，但廊的地面大多是“脚踏实地”。这样构造简单牢固，也很经济。

熙园中响屧廊是特别的营造，它费事费钱，也不耐久，但却往往成为园林中一处亮点，在园记中总会被记写。明代园记中的响屧廊我们看到三处，前面介绍的弇山园北部有一处靠墙跨水的长廊是第一处，熙园是第二处，第三处在勺园。勺园将在《园境：明代四大胜园》中介绍。

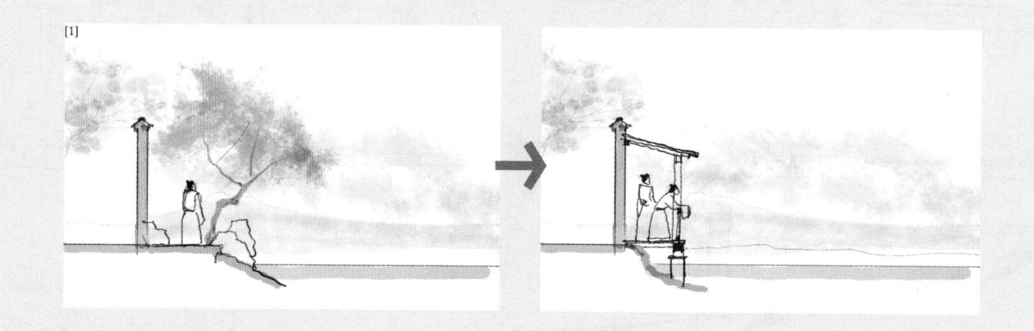

从明代这三处响屧廊的描述可以看出，游人的感受轻快新奇，兴奋程度明显高于“脚踏实地”的廊子。

弇山园的响屧廊设在长墙和大池交接处那一条线上。一般沿墙临池设园路，要占一定的宽度。驳岸土石，种植花树，脚踏实地的沿墙行走。弇山园将大池水面直接逼近长墙，加一条响屧廊跨架水上。廊的木结构楼板梁柱轻盈伸出，池水延伸入廊似乎不尽，池岸线显得灵巧清奇。更妙的是使游人介入交接线的空廊之内，踏足于水面之上，手扶栏槛，如此亲近地贴临大池。从这条空廊重新欣赏大池全景，游园便获得一个精彩的结束。[1] 同样的位置，一般长廊难以达到这样的效果。

从明代案例看，响屧廊的设置常常显示出应对地形的奇思。地势和架空的巧配会让响屧廊获得一种轻奇的势，因此它的设计常常是一处巧思。游人在响屧廊中，虽然并不会如在日本建筑中那般关注到木地面在视觉上的细节，但是体验轻奇之势，以及足踏的轻弹感受和声响，也的确产生了不同的游赏效果。

熙园 | 与清轩 大池

又東，渡板橋，爲「與清軒」，前臨廣池，灝漾潢漾，綉尾銀鱗，出没無算，巨者噴浪飛涎，客至，舉網擊鮮稱快事。遥睇南岸，皓壁綺疏，隱現緑楊碧藻中，其壺瀛宫闕，幻落塵界乎？

——張寶臣《熙園記》

与清轩 大池

从响屧廊往北，再往东，经过桥和一处水月如来阁，便到了园东端的“与清轩”。

与清轩东面临着一片广大的水池，水面开阔辽远，光景明媚。大鱼在水中兴风作浪，园主带着客人拿着渔网捞鱼，大池捕鱼让游客大为兴奋，拍手称快。往大池的南岸看，有别家园林的漂亮建筑，白墙黑瓦，雕花窗户，掩映在绿杨荫里，远远望去好像是海上仙境的宫阙。这是熙园最东边的一个大水池。

熙园 | 齐青阁 小秦淮 罗汉堂

由是陟彼北山，平岡逶迤，高梧修竹，蔭蔽左右；西達「齊青閣」，北望平疇緑净，欸乃四起，又疑下有朱陳村，第少鳴鷄吠犬耳。閣前周繞廣除，可馳駿足，對面翠屏壁立，峭崿鬱盤，玄裳之客、斑衣之友，時遊娛其上。累數級下，依水而屋，雕閣綉楹，虹飛霞屬，歌聲時出簾箔中，則「小秦淮」也。南遵回廊數十盤，鼻間微聞栴檀氣，則「羅漢堂」峙焉；堂供釋迦像三，旁列五百應真，金碧莊嚴，鐘梵具設。堂後小閣三楹，藏貝葉書甚富，時倩高緇繙閲，鐸聲琅琅出牖外，儼然古招提也。

——張寶臣《熙園記》

齐青阁　小秦淮　罗汉堂

从大池岸边往北再往西蜿蜒上坡，在高高的梧桐树和修竹的浓荫之间走上园北的山坡。这里地势略高而顶部平坦如台，有一座楼阁叫“齐青阁”。向北望，是园外大片的青绿田野，河流成水网，远处近处传来船夫摇噜的吱呀声音。站在此处，会感觉山岗的下面似乎藏有古老的村落，只是并没有听到鸡鸣犬吠的声音。齐青阁上视野开阔，向北可看得很远。阁南面有一平台，对面繁茂的松柏林如绿墙立着，各种花色的鸟雀在林上飞舞娱乐。

从齐青阁前的平台下坡向西再向南，越走越低。山下

齐青阁北望剖面示意图

小秦淮依水而屋场景示意图

有一条蜿蜒的溪水，几座小小的建筑，曲曲折折，依靠在蜿蜒的溪水边。雕镂的窗户华丽精致，晚霞映照，倒影迷人，帷帘里有时传出弹唱的歌声，这里叫“小秦淮”。

再往西南，便是“罗汉堂”区，一大组建筑盘旋而设，折来折去10多折，走在廊道中，可闻到檀香微微的香气。罗汉堂香烟缭绕，中间供奉着释迦摩尼，旁边是500罗汉排列，堂内金碧庄严，钟铎齐备。堂的后面有一座小小的阁楼，藏有贝叶经书。高僧念颂佛经，声音从藏经阁的小窗传出来，俨然一座古刹。

熙园 | 总体分析

熙园处在江南平原水网地区，该地农商富庶，人文发达。用地之西，三里为城郭，东面紧靠一片大池，北面临大片的田野村庄、树木小河。用地的西南，应该也有一条小河。

熙园用地逾百亩，地形是土丘台地，不太高，却有很多起伏。高大树木也多。

园的叠山格局：在原起伏地势上，在西南、南、东南，通过堆山、叠石、移树形成深山区；在中北、西北、东北，调整形成土丘台沟壑区；东部还有沿湖平岸区。

园的理水格局：园外西南有河，东部有湖；园内理水，凿深池于深山环抱之中；引溪水，穿行于深山的西南区直通深池，又绕行于土丘台地的沟壑中成为溪谷，通东边湖。

熙园整体，西边一带为寺庙罗汉堂，中东大部用地为园林区域。[1]

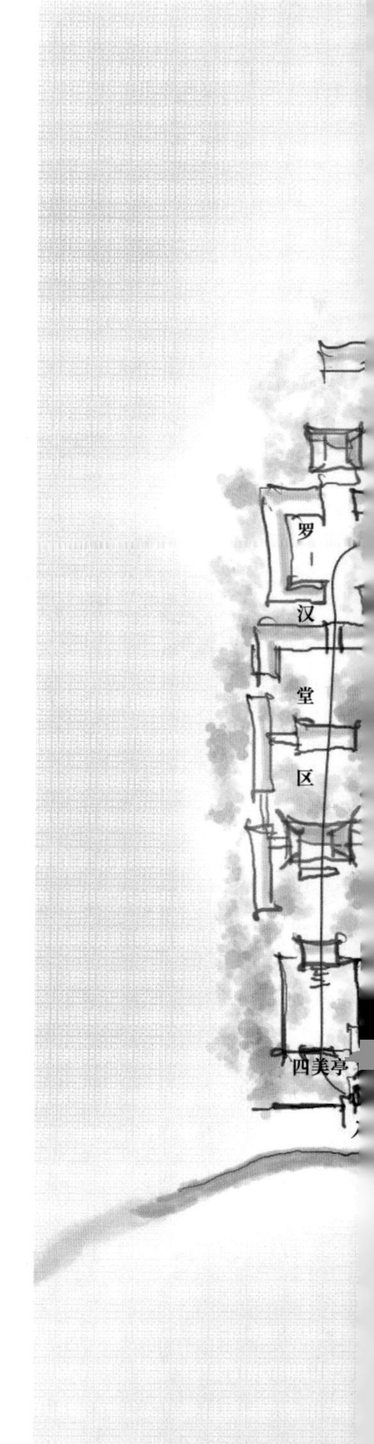

田野远村

齐青阁

小秦淮

水月如来

与清轩

东面大池

内庭区

菌阁

响屧廊

山花盆地

土阜山花

听莺桥

芝云堂

华沼

入园路

峻岭深壑

深山古树

南山径

熙园总平面示意图

园林区总平面可分内外两环。

内环：南部深山区与北部丘台区以芝云堂分界。芝云堂是内环的中心，堂之前为深山环池，堂之后为菌阁药房等内庭一区。堂之左右都是山花烂漫区：右为听莺桥，山间盆地，春花无数，左为土阜，繁花盛开于其上，设响屧廊可隔岸观花。

内环之内：深山区在前，以山林营造为重；内庭区在后，地势为林中丘台。

外环：外环西南为园门，门前对小河，入园路在深山西侧穿行。

外环东界：大池平岸远望，为与清轩，水月如来一区。

外环北侧：岗上齐青阁远望平畴绿野，阁之下小秦淮灯红酒绿。

外环西侧：罗汉堂钟铎声梅檀香出于林间。

园路关联：外环与内环的关联，主要有一条斜穿的长路和两条短路。斜长路从西南园门，穿深山进内环与芝云堂相连。再向东北，穿响屧廊和与清轩相连。短路之一是内庭区向北，渡小秦淮，上土岗与齐青阁连。短路之二是内庭区有阁与罗汉堂隐约相望，向西应有小路、小桥可通往罗汉堂区。[2]

两段园记记游园路，一段斜长路，一段半环路。斜长路蜿蜒经过林野深山、山花盆地、深池深山和堂、山花土阜，再到东池旷境。半环路从东北向西向南，沿路是北岗齐青阁，中间山溪两岸是小秦淮，西部林中是罗汉堂。[3]

园门与古寺庙都在园西部，从园门应有路径直达罗汉堂，成为敬佛上香专属路径而可以对外。

总平面看起来简单明了，园境却处处出人意料。营造上有几个方面值得总结：

1. 山体，重点不在造形，此处山以“游”为重点，而不是以“观”为重点。山体主要用来围合分隔人活动的空间。所经营的是山谷，经营山之深处。叠山无主峰，也不追求“如画”，但是山体构建围合了丰富的空间。（1）堂前深山深池。（2）两条俯仰盘旋

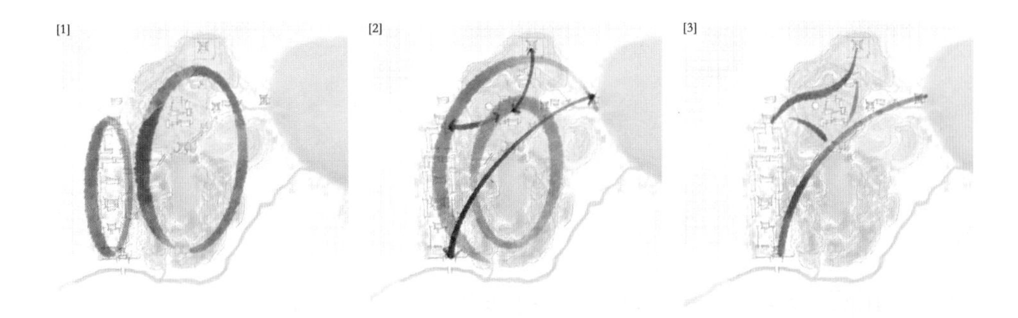

被山体紧迫围合的深山怪石密林小径：入园路和堂南山路。（3）两处赏山花地带：听莺桥山花盆地以及响屧廊土阜起伏的乱花浅丘陵。（4）深壑溪流小秦淮以及划然天门开的谷口。（5）有举在北高台地之上的齐青阁和在中心台地上的宅居区。园的深山空间特征由此形成。

2. 植物用来营造“野”趣和高树将高处覆盖的“深”趣。深山路的茂林与苔藓，浅山丘的山花乱放，长杉落落，古树千章，植物特征的变换，高耸与蔓延的反差，空间的幽晦与开朗，都借由植物配合山势来营造。

3. 建筑物，更加丰富的特征营造。深池上芝云堂营造得沉静优雅；乱花山中，响屧廊营造得轻快随意；内庭一区建筑营造得深不可测而奇特；山壑溪岸，小秦淮营造得精深浓艳；丘台林木之下，罗汉堂营造得庄严华丽，各区建筑多种多样的艺术特征与深山野林总特征的组合出人意表。

4. 古意的营造在深山野林之间，较大的宗教庙堂中金碧辉煌，香烟缭绕，钟铎声悠扬清远，内庭深处古书画文物的陈设别致。这些古意，最终造就了一些神秘感。

5. 园内紧密错杂的园境与外围向东大池，向北平田的开旷组合得宜。

所有这些丰富的呈现，山体和林木的区隔起了最为基本的空间塑造作用。

三洲

洲园渺小　而得城山江峡大观

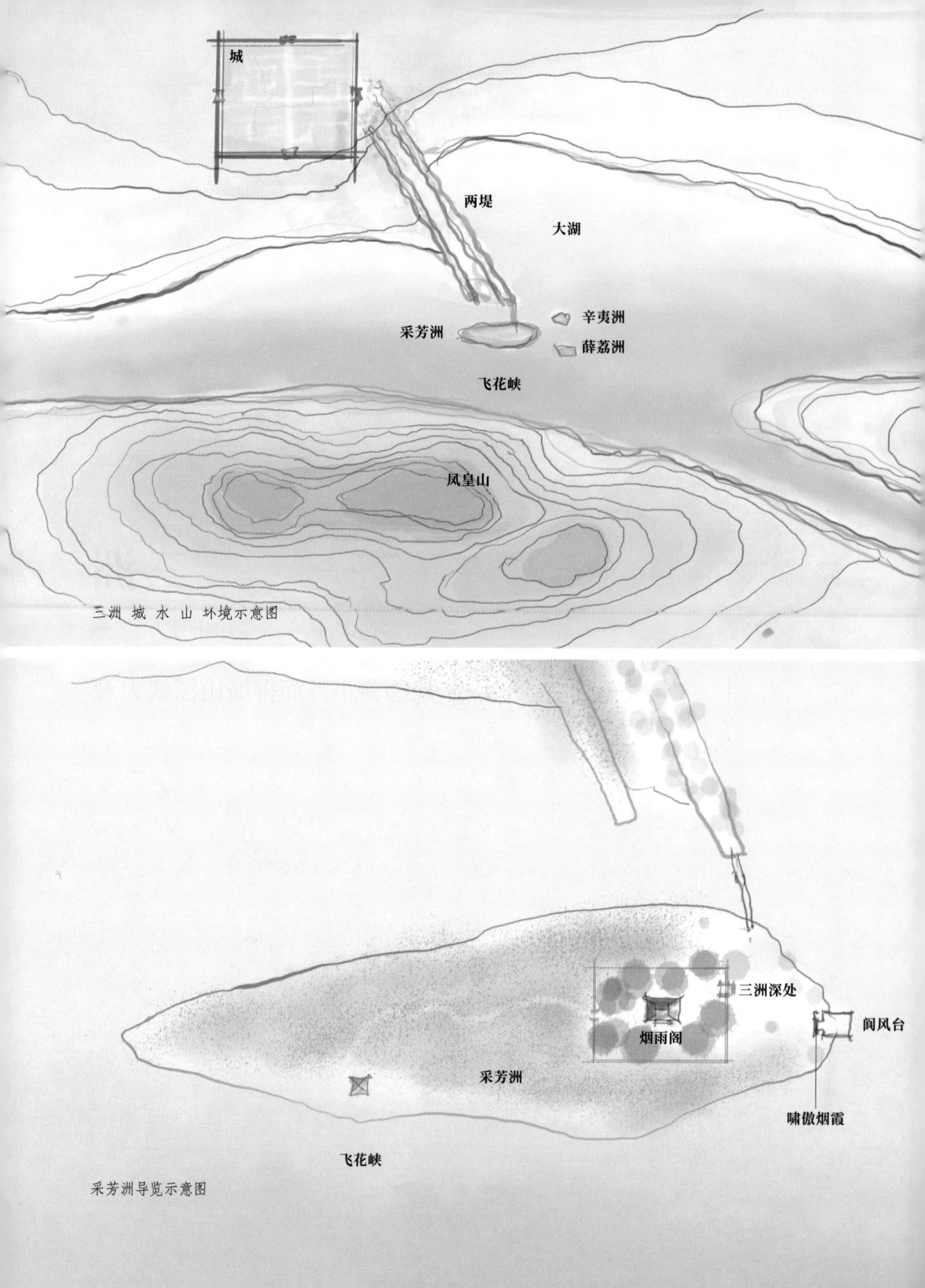

三洲 城 水 山 环境示意图

采芳洲导览示意图

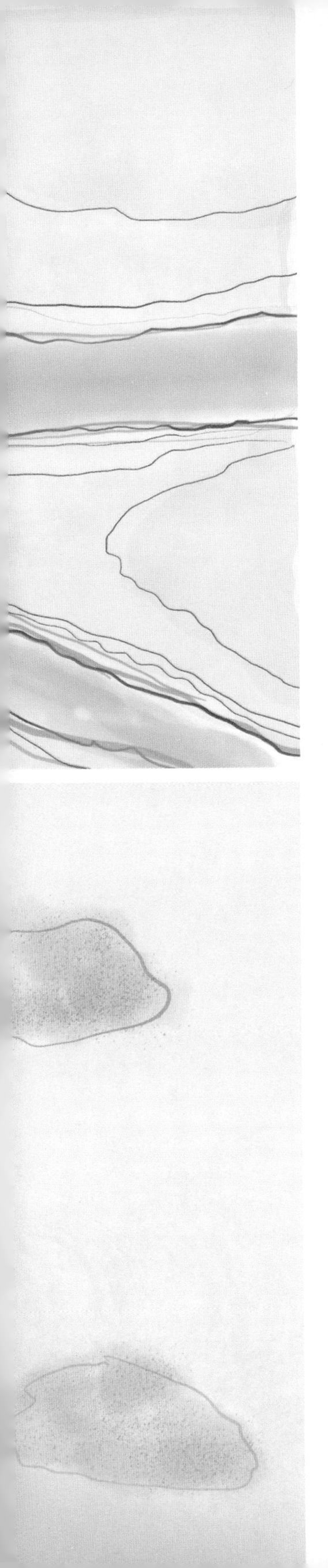

三洲园位于湖北省孝感市安陆市，园址选在城外大河交汇处，洪水淤积之中的三个岛洲。水面很大，岛洲很小。三洲园借用大水中的小洲建园，园虽小，势却广大，简洁独特。

三洲 | 园的故事

本案例所在安陆市，明代时是湖广行省德安府的府城，安陆城位于今天的湖北孝感市安陆市。

德安地区位于江汉平原的北缘低山与丘陵的交汇地带，地势自西北向东南倾斜。府域内北部为海拔200到500米的低山丘陵区，中部为岗地，南部为河流冲积平原。

涢水，古代称之为清发水，发源于德安府北部的大洪山，从南向北，其流域大部分在府域境内，因此又名府河。府城安陆所在的涢水中游地区，地势从高坡变低平而且有诸多水流汇积，水量大、流速由急变缓，遇到春夏多雨时节，常常会洪水横溢，造成灾害。

历史上，德安地区曾为古郧国地。春秋时被楚国吞并，定名安陆。秦代，安陆地区属南郡，汉代属江夏郡。南北朝时期设安陆郡，唐代设安州。北宋设德安府，后延续到清代。德安府治所都在安陆。

安陆城临涢水而建，城不算大，周长约4000米。三洲，位置在城外东南方，凤凰山在城之南如屏障。清代道光年间的《安陆县志》卷五中记载："凤凰山在城南，东带三洲，北环涢水，实郡之屏也。"凤凰山与城之间是涢水。东南面河流与涢水汇聚成大水面，三洲是大水面中的三个岛屿。

三洲的园主叫杨锡亿，字文起，湖广德安人，明代末年的文臣。李自成起义动乱波及德安，杨锡亿的家人多有遭难。杨锡亿投奔明军将领章旷，参加抗清。清代王夫之的《永历实录》中记载：杨锡亿向章旷请命深入敌区、招募豪杰，为汉南应援，但章旷觉得杨锡亿有刚正的气概，不易混入敌区，而且很爱惜杨锡亿的才华，因此没有答应。杨锡亿曾一度跟随傅上瑞将军征战，屡立战功，被提拔为兵部职方司主事。长沙失陷后，杨锡亿隐入南岳老龙池，出家为僧，不知所终。

三洲 | 阆风台

洲之前爲方臺，曰「閬風臺」，一曰「釣臺」，踞水涯。郡東、南，涢水會于斯，其來甚遠。「辛夷」「薜荔」兩洲夾之，適當空處，則「采芳」址也。臺前，天水空曠，一望無際，每月出，徹人心髓。望後，月出愈遲，尤清絶難爲懷，此三洲之勝概也。吾欲于兩洲之間，竪一石橋，爲玩月之地，而力不能。臺有綽楔，曰「嘯傲烟霞」。

——楊錫億《三洲記》

阆风台

湖北安陆古城东南，大河交汇，形成巨大的水面。在大水面当中有三个小洲，三洲便是杨锡亿在这三个小洲所建的私园。大一点的洲叫“采芳洲”，两个小洲，一个叫“薜荔洲”，一个叫“辛夷洲”。三个洲很靠近地聚集在一起，形成大水面中的一组洲岛。

出城东门向南望，林木茂盛，有几十株古松成林，一双堤坝环绕古松。沿东堤有很多榆树柏树，沿西堤是茂盛的竹林。堤坝之外是巨大的水面，其中盛产菱角、茨菇，鲫鱼尤其肥美。两堤堤坝向南直插入大水中，东堤的端头跨一座木桥连到采芳洲。采芳洲上有古松，非常茂盛。在它的前方，在大水当中一左一右是两个小洲。洲上竹林茂密，竹林中都设了石桌石凳。两个小洲没有陆路，从采芳洲可以划小船上洲。三个洲或曾经与陆地相连。城东面的水面看来非常大，堤坝应该是为了防范东来的洪水，保护安陆城

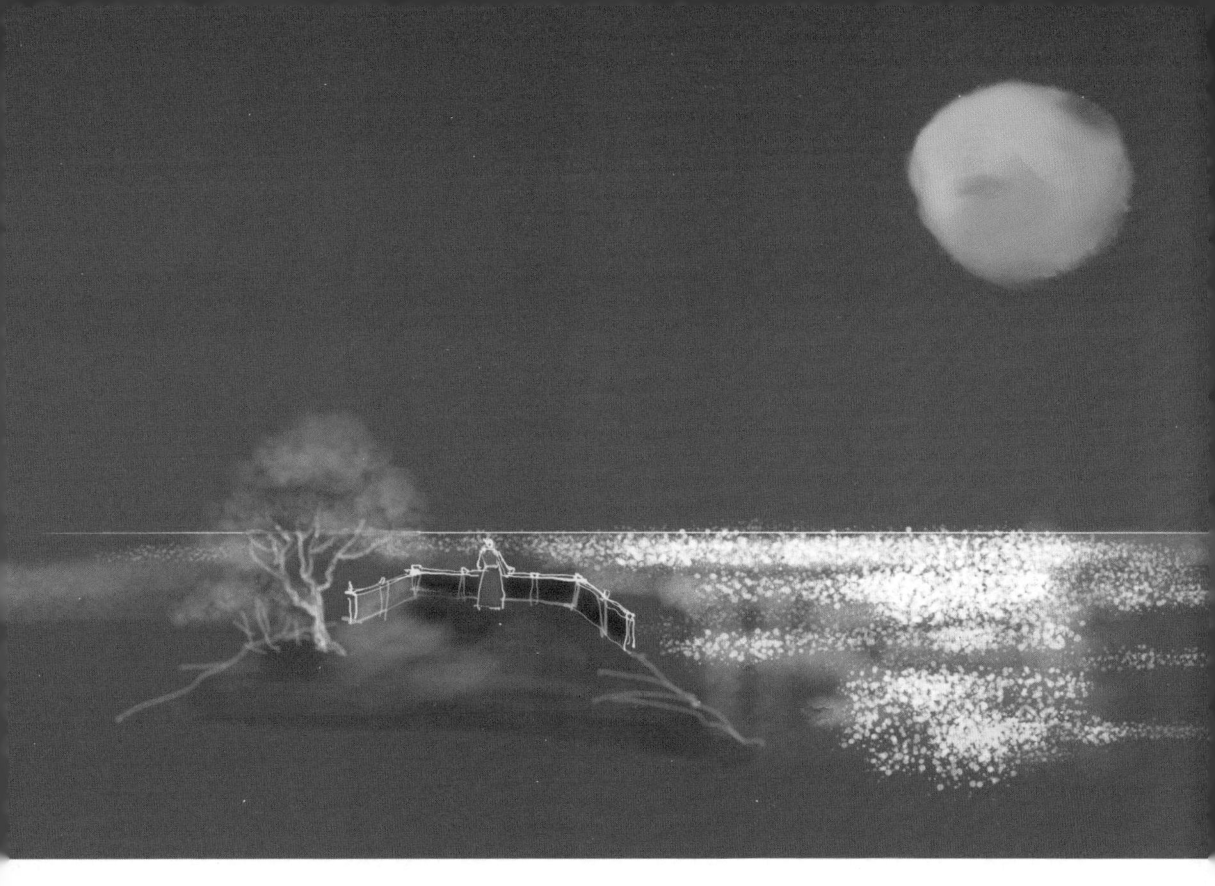

阆风台场景示意图一

池不受大水的侵袭。

采芳洲的东端，园主在对着大河顺流的方向建了一座“阆风台”，阆风台前有一座牌楼。台向东的平地伸到水中，处于三面临水的位置。从台上望出去，水天相接，一望无际，气势很大。这里是欣赏大水的好地方，每到月出，明月从宽广的水面升起，景象令人心旷神怡。满月之后，月出渐晚。夜深人静，万籁俱寂之际，月亮升起，天高水阔，月光的照耀下水面泛着清冷的光，大地无边无际。高空、大地和水面清朗而辽阔，独自在台上赏月，令人难以忘怀。

台前一左一右两个小洲，园主设想在两洲之间架一座桥跨在水面上，如能桥上赏月，更为清旷。

台的牌楼题匾叫“啸傲烟霞”。

阆风台场景示意图二

势的要点：空旷，清绝。

形的条件：大水中有小洲，有堤相接。

形的设计：

1. 洲东端设平台，三面环水。

优点：○小台突入大水，位置绝佳而得旷大之势。

○台迎着水流，水的浩荡流势动人，台得大水浩荡流动不息的势。

2. 台前设牌坊一座。

优点：○牌坊加台，一平一立，是最简洁有效的标志性空间构成，与周边环境区分出来。

○牌坊是仪式感很强的形式，形体虽小，却庄重意味很强。

○进牌坊—登小台—临大水—望高天明月。从小到大，进阶快，一气呵成。

三洲｜烟雨阁

行數十步，有門曰「三洲深處」。入門爲「烟雨閣」，四達左右，各有屋，爲書房、茶寮，爲栖息園丁之所。閣之前、後皆松，大數十圍。登樓以望，則城南萬瓦鱗次可數，遠近田疇村落，無不呈奇獻媚于眉睫之下。吾嘗以夏日登樓，風雨驟至，空濛奔涌，河水噴沫，與風雨相亂，松枝户舞，如老虬巨蛟，挾雷聲上下。四大動摇，恍若乘雲氣以升降也。

——楊錫億《三洲記》

烟雨阁

从阆风台返回，向西行走几十步，有一扇门，门匾上写着“三洲深处”，门内有楼阁叫“烟雨阁”。阁前阁后都有巨大的古松，松树冠有好几十围大，这样大的古松现在极为罕见，即使在明代也十分稀少。古松不是一株，而是多株，楼阁就在古松的围合中。

楼的下层四面通达，有书房、茶厅等。楼的上层往北观望，隔着水面可见安陆县城，看见城内的民居屋顶鳞次栉比，也可以看见远远近近的田野和村落。景象美好，令人心旷神怡。

一次，园主在夏日登上楼阁，突然狂风暴雨骤至。天雨空濛，河水奔涌，水浪高高地扬起，被狂风撕扯成飞驰的水沫，与天上的暴雨交织在一起。狂风骤雨乱卷，阁楼周边巨大的古松都被狂风摇动，高空中伸展的古松粗壮的枝干，被风吹得像巨龙舞动一样。惊雷、霹雳、闪电之下，天地万物都被撼动。人在阁上，心也随之飘浮摇动，好像不是站在楼中，而是乘着云气，在天地之间升降。这是阁楼之上遇到狂风暴雨的情境。

烟雨阁场景示意图

势的要点：混漾，苍古，稳固，幽深。

形的条件：洲上，古松林。

形的设计：

1. 建楼阁在洲上古松当中。

2. 建墙围院，开门挂匾。

优点：○流动不定的大河流水面在外周滉漾，如磐石般稳固大古松林在近前护卫；阁得到滉漾、苍古、稳固之势。

○古松浓荫有幽深之势，建门围院，古松林围在“内”，“三洲深处”的幽深之势更为显著。

○阁上位置高，透过近处古松、松外大水，隔大水北望，向来所居的城市远望可爱，向来所近的田野村落景象美好。

○天象聚变，大风涌浪，水沫高飞逼近；雷电霹雳，向来稳固的古松林摇撼；人在高阁上，似被雷电风雨所俘获；大水中的小园，对水势风势体验最强。

三洲 | 飞花峡

閣四達，墻垣之，閣之後，啓雙扉，則萬竹琳琅矣。出竹有亭，當水際，城南鳳皇山，千仞壁立，若可仰掬，然實隔水數百步，隔市闤又幾千武也。出亭數十武，爲「飛花峡」，諸水皆于此會。

——楊錫億《三洲記》

飞花峡

烟雨阁楼下，四通八达。外有院墙相围，古松下向西，推后院门出去，门外万杆翠绿，是一大片竹林。小径从中穿过，出竹林已经来到岛西南，那里有一座小小的亭子。

安陆城南向对着凤凰山，从这亭子向南看去，凤凰山山势雄伟，千仞壁立，高耸陡峻。虽然实际上还是隔着几百米的大水面，但在亭中看感觉很近，山的气势直逼眼前。再向北看，可远见城郭与河岸成片的房舍。

出亭子往下走几十米，就到了水岸边。采芳洲和凤凰山相夹的江水面宽流急，东、南来的两路大河汇为城东巨大的水面以后，往西从此处宽峡快速地流过去。人在水岸上可以体验到大水远来经过眼前的波浪涌动之势。这里叫“飞花峡”。

采芳洲场景示意图

形的条件：竹林，水，城，山。

形的设计：

1. 竹林中穿小径。

2. 竹林水岸设亭。

3. 亭下岸边设观水处。

优点：

○可感受三组反差的势的要点：闭一开；高一平；静一动。

○竹林的幽闭，林外小亭的开敞，成一组。

○小亭向南，看山的高耸，向北，看城市远岸的低平，成一组。

○山的屹立不动与峡水的奔流涌动，成一组。

三洲 | 总体分析

两条河汇在一起，交汇点是水景的可观之处。两条大河汇为大江，交汇处形势更大，难能可贵，即使地形平坦，也有气势。

此案大水交汇处的南岸还有一座山，形态耸立，山水相得益彰，势更丰满。

一座城市在此处建立，临水对山，岸上大片古松柏林。两河交汇，山城隔江对峙，更为增胜。春夏水涨引发江河泛滥，人们从城市的东面修筑堤坝，接近水中小岛。

环境的大形大势都已经相当动人。观览这个大形势，日常可以从城头、从城外江边或从对岸山上这些角度看，这些角度共同的特点是“旁观”。

园主选水中小洲建小园，选出了独特的“中心观”的位置，从水的中心向周边各角度全方位看。此园借水一城一山一堤一洲已经成就的大势，用极简练的营造得到形胜之要。

中心观又营造了三种观法：

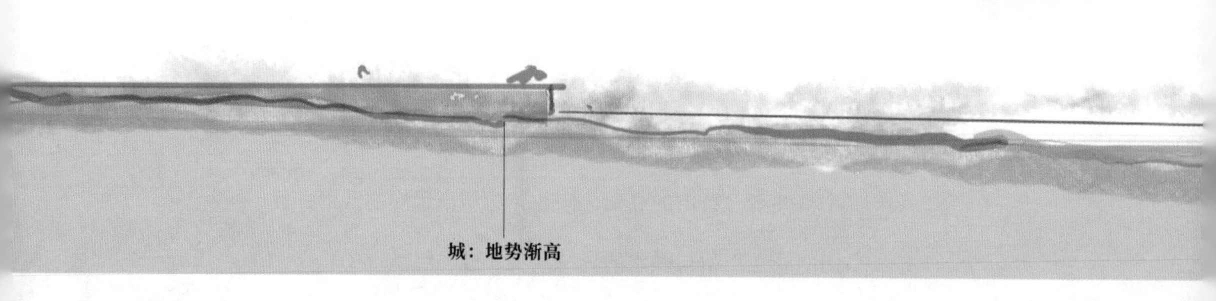

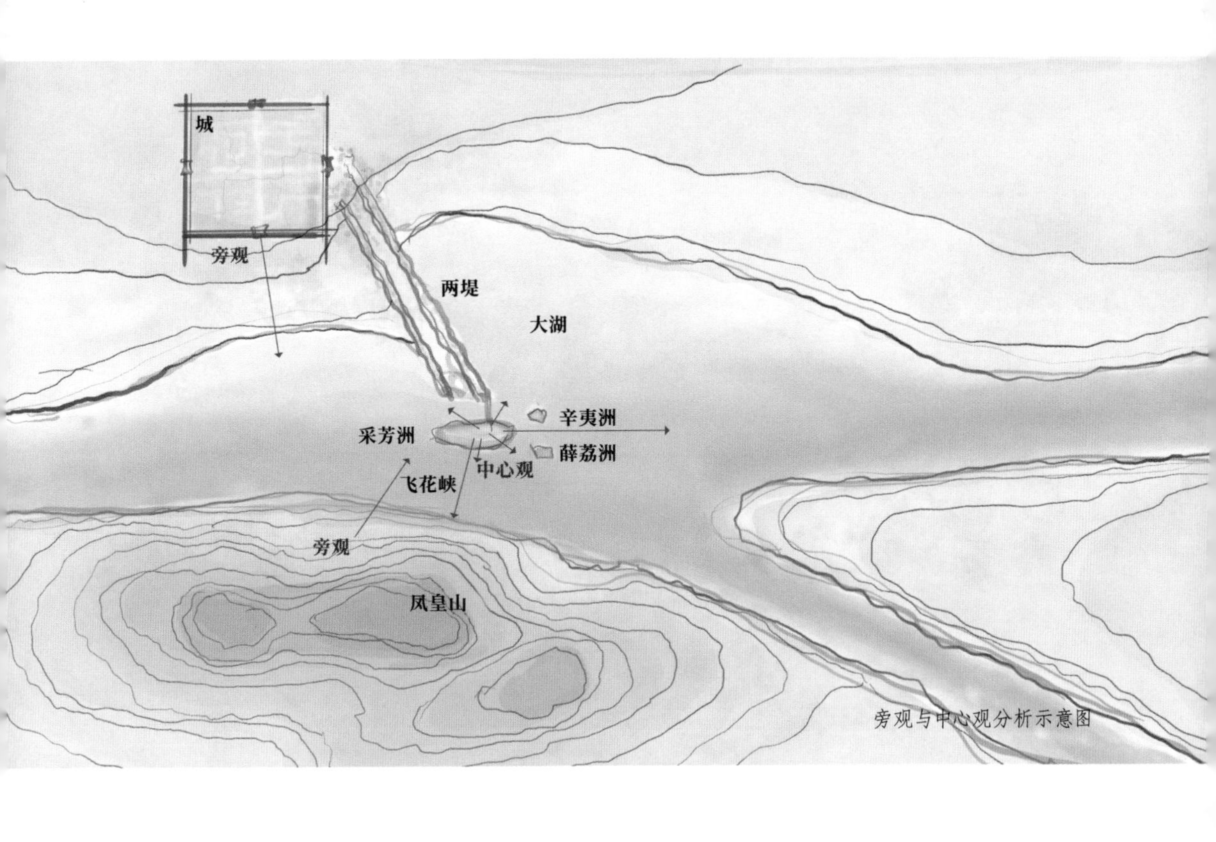

旁观与中心观分析示意图

1. 凸出岛端建台，迎江流、临巨浸，人在台中直面空阔，观高天明月。

2. 人在院墙内，在古松林之内，在阁楼之内，从层层围合的深处向外观风云激荡，观远城田野。

3. 近岸亭中，向山仰观雄伟，向水俯看激流。

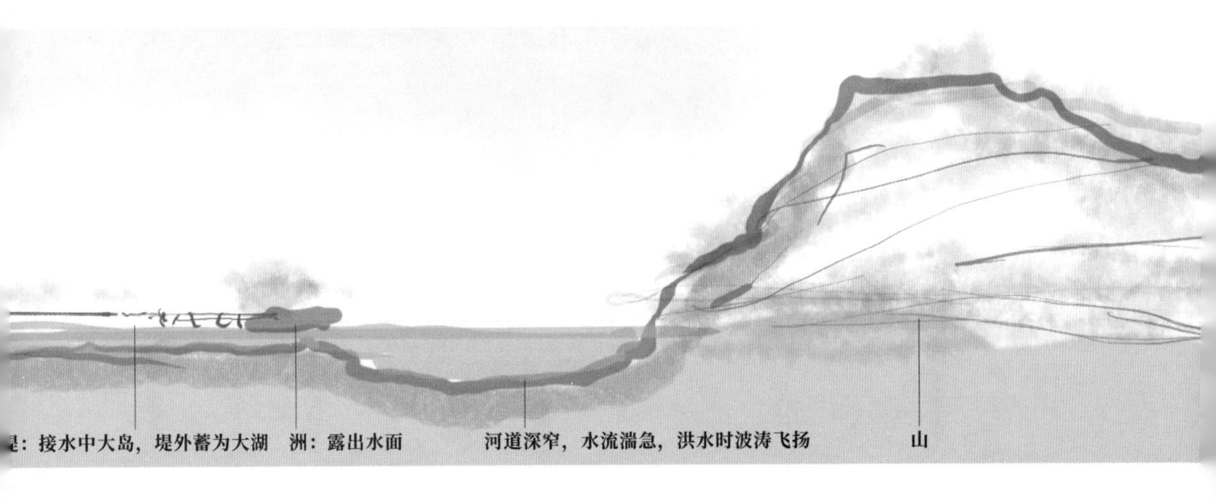

荪园

园境·明代十一佳园 | 第十园

古木荫浓　清溪蜿蜒　良田层岘　奇局兼之

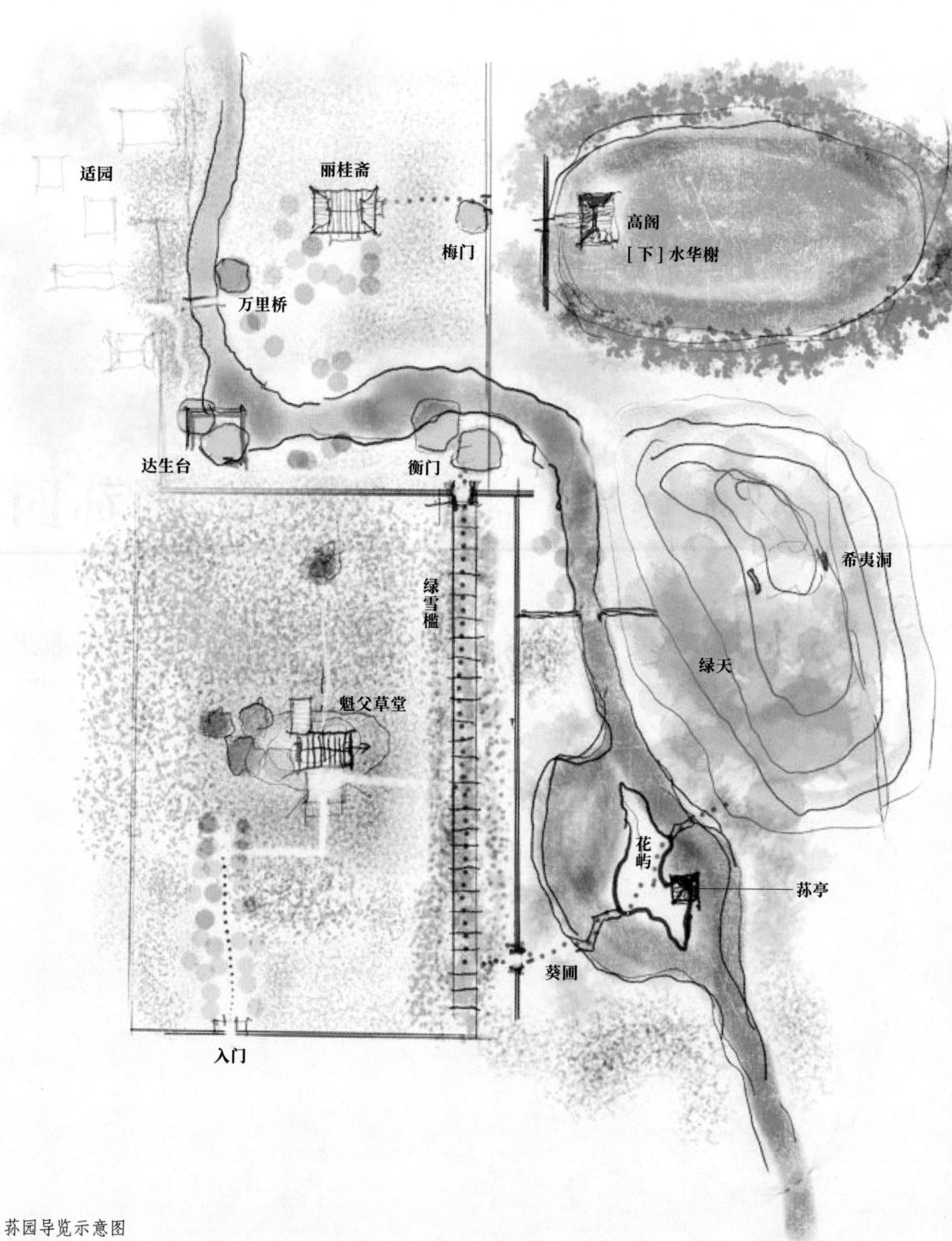

芬园导览示意图

苏园位于安徽省徽州府休宁县，今安徽省黄山市，园选址于集镇与农田郊野的交界处，向郊野可见周边的绝佳自然景象。园的用地不大，竹树茂密。园的格局清晰，构思精巧却用极为简洁有力的手法实施，着墨少而效果强。看似无奇的建筑剪裁，成就了清新有趣的园林设计。这是一处优秀的私家园林。

荪园 | 园的故事

徽州府域内万山攒立，黄山、白岳（今齐云山）诸峰南北相望，奇绝名闻天下，素有“黄山白岳甲江南”之誉。

徽州山水秀丽，再加上徽商财力雄厚，他们有极好的造园条件，同时又受到江浙造园风气的感染，徽州休宁县一带的造园活动非常兴盛。《园境：明代五十佳境》中，我们分析过休宁朱氏的遵晦园、吴氏的季园。而荪园更为优秀，因此我们将它列入明代十一佳园之中。

明代的休宁县城就在休屯盆地中，四面环山。休宁县的南部有一个集镇，名为“临溪”，园主吴文奎的祖宅和荪园都在此处。荪园西侧是密集的家族房屋，而园子东边则是沃野和崇山峻岭，景致极佳。

吴文奎所筑园林有二，先有适园，后有荪园。适园是吴文奎用来教育后代的家塾，同时自己也在其中修养身心，园仅半亩大，园中有阁，登阁可以望见东面山水和平田。可惜园子太小，其西边太靠近居民聚集区，环境比较吵闹，并不安宁。后来吴文奎从兄长家购得废旧的园圃，又增加旧圃东边的土地来扩充园子的面积，就建成了荪园。荪园规模比适园大很多，它的西面丽桂斋以西可能紧靠适园。吴文奎在这园子里精心营造景观，有魁父草堂、葵圃、绿雪槛、荪亭、达生台、丽桂斋、水华榭等。

园主吴文奎，字茂文，黄山市歙县人。他出生于一个徽商家庭，家境富裕。他少年即以读书入仕为志向，但是未能如愿。于是愤志于文章之学，拜晚明文坛“后七子”之一的吴国伦为师。吴国伦为江西人，在江西营建有一处自己的园林（按照今天的行政区划属湖北），即本书中的吴国伦北园，并写下园记一篇。吴国伦在园记中感叹自己不是一个用世之才，自己的才能和天性却在营造山林园境中。

吴文奎拜吴国伦为师，而吴国伦出仕不利，转而寄情山水园林，传授文章，这番经历不可能不对吴文奎产生影响。吴文奎读书多年而不能入仕，他教授儿子们发奋读书，可是其中一个儿子却在少年时期就去世了，他心中郁闷悲凉。在《适园记》中，吴文奎写了以园境消磨雄心的内心挣扎，“适园”这个名称也提示自己应该将人生的方向做一个转换。恰恰吴文奎生长于景色绝佳的黄山脚下，既有好山水，家境又富裕，同老师吴文奎一样，他也发挥了自己景观设计的天赋，营造了荪园，并且写下《荪园记》。如果说适园是转折的开始，那么荪园则代表了转折的完成。

园林于文人，是进退之中的退，进而出仕治理社会，退而隐入大自然之中，让园林之美充实人生。另有退回乡里耕读，教授子弟，著书立说，可将思想文采流传百世。吴文奎著有《荪堂集》十卷流传于世，其中适园、荪园两篇园记将他营造的园林“传”到今天。

荪园 | 魁父草堂

門内舊植槐柏江梅，行列井然。因取道其中，折而東，抵魁父草堂，下堂，地墳如一丘，因名「草堂」，志小也……登中霤，周遭皆雷竹桂樹，蒼翠檀欒，映帶綺疏。廣三尋，高二仭，深仭以半。堂背爲都房，慈孝竹一叢，幾萬竿。松一株，偃蹇抑鬱，無復凌雲望。余感亡兒賫志坎，掩筆硯其下……東端爲清凉室，蔽牖俱竹，密不受日月。西端爲蜚肥室，盧橘岩桂，勁幹離立，蒨葱可挹。翠柏一株，合抱扶疏，直干雲霄，皆百年物。覈窗受之，令人作天際真人想。

——吴文奎《蓀園記》

魁父草堂

入园路从西南借废圃的两排树之中向北，再折向东。此处竹树茂密，当中有小土丘高起。土丘上有一座草堂，叫“魁父草堂”。草堂很小，面宽大概只有八米左右，深三米多，高约四米多。从土坡到堂的中门前，居高临下看去，周边竹林很苍翠，竹有不同种类。其中还杂有一些树，林子苍翠的绿色颇为丰富。堂掩映在这些竹林树林中，苍翠茂密的竹林又延伸出去。

草堂的中间这一开间做一些祭祀的摆设，东边的那一个房间叫作“清凉室”，它的窗外全都是密密的竹林，开窗也看不见阳光，只有绿色的竹。西边这一间叫作“斐肥室”，窗外有一株卢橘树，一株桂花树，都长得非常茂盛，就在窗外，绿色好像触手可及。还有一株柏树，这株柏树很高大，主干有一人合抱粗，上面的树冠张开，像要升到天上去似的。不仅这株柏树很大，那株卢橘树还有桂花树，都非常高大，都有100多年的树龄。斐肥室的斐，意思是五色错杂，各种颜色很好地交错在一起。把斐肥室的窗打开，就看

魁父草堂西窗场景示意图

见不同树的枝干、树叶、花朵、果实色彩交错的景象，美得像在仙境。

在这座堂后边，仍是绿竹万杆，其中有一株松树长得弯曲矮小，看起来不像能长成一棵高大壮硕的松树。这一株看起来长不大的松树，在吴文奎看来就像他夭折的儿子一样，于是他把儿子读书用过的笔砚埋在松树下，立了一块石头，刻字纪念。

这是魁父草堂的前面、东面、西面和后面的情况，堂极简朴却景象多样，意蕴丰富。

魁父草堂场景示意图

形的条件：

1. 一片竹林，土丘隆起。

2. 土丘西部有古树三株。

形的设计： 在于选址。

1. 选址密竹林中，堂不甚显，却幽深，带有深藏的意蕴。

2. 选址于小丘之上，因高而有端庄昂首的势。

3. 选址以西侧偏对三大古树，堂开西窗，绚烂而明朗；

堂开东窗，竹密幽暗而阴凉。

4. 堂北竹林中幽晦而成伤心处。

专论 | 堂之前、后、左、右

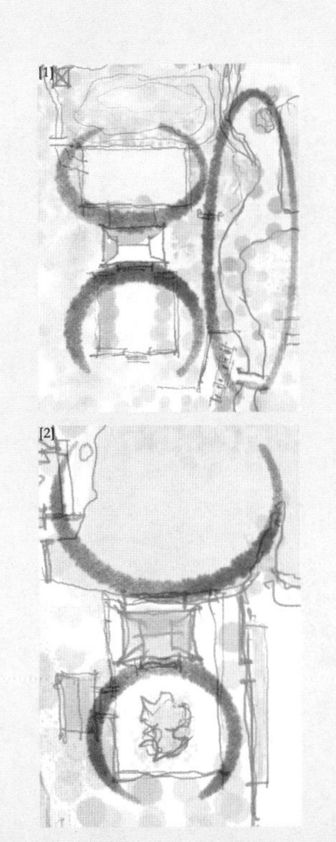

我们一再问：园林中为什么总会有堂？堂的讲究是端庄，要位置居中，正向面南，轴线对称。它在园林中有什么景观意义？

观察苏园中堂的前后左右，也许是个视角。

弇山园的弇山堂，前为大平台玉兰树，后为方池，左为入山路的起始和小庵画溪，各得其所。堂对周边一带有影响，但因位置偏，对全园格局没有发生控制性影响。[1]

澹圃的明志堂，前为平台小池牡丹，后为大池。前、后景观各具精彩，但左、右影响不大。它位置也偏，没有控制全园。[2]

吴国伦北园的佚我堂，堂前是一组池院，堂后是饲鹤轩与园路，左边一片梅林、右边一片竹林，前后左右景观配得悠闲丰富。堂区位居全园中心，再前有壶岭一区，再后，有抚松台一区。一线串连三区的园林整体，堂区是总控。[3]

西佘山居的春雨堂，偏于一角，没有总控园林格局。春雨堂与吴国伦北园的佚我堂一样，堂的轴线有意设于左右不同植物片区的交界处。此堂的左、右房间开窗，取到了截然不同的窗外景象。一座小堂，朝向了很不相同的景象，“堂”气减弱，而“景”气丰盈。[4]

荪园的魁父草堂是旧园新建，其设计有意用堂的西间窗户与用地上原有的三株古树相对。“堂”气更弱，“景”气更活。这两座堂，中间开间都是家祭小堂，两边开间隔开为房间。中间有家祭小堂，建筑内的对称端庄很确定。如此，两边房间朝向不同，景象更显得切换鲜明。[5]

熙园的芝云堂，位于园区中心，对园的格局有极好的总控。堂前山林深池，是园的主要景区，堂后是园神秘的内庭区，前后反差很大，构成主体。堂左是山花盆地听莺桥区，堂右是土阜山花响屧廊区，左右分对，特色鲜明。[6]

熙园的中心格局看似极为简单，但是却设计了一条斜穿的游园路。园境的呈现由此变得难以捉摸，起落转换出乎意料，佳境叠出。连进入堂都是从角部斜对过去[7]，中心总控格局与斜穿园路的叠合，这是很有启发性的案例。

堂用它的前、后、左、右方向对全园的总控，初想以为会导致全园景象呆滞，细看，用得巧妙时，不仅可以非

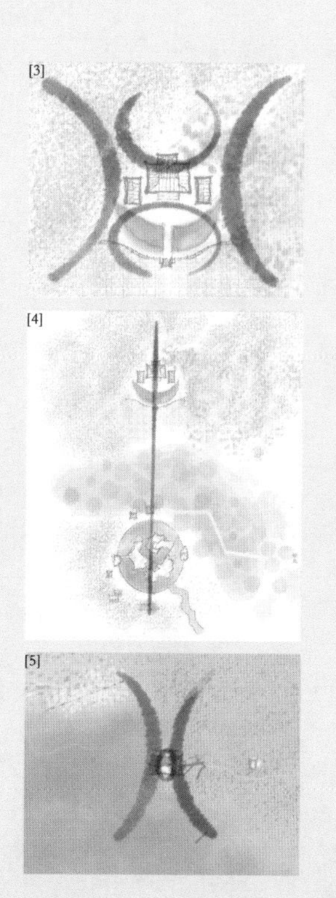

常灵活多变，还有可能带上些大气。

堂是中心吗？是！

堂是区隔分界吗？也是。

园林中，堂的设置看来可玩。

堂很有特点，它不仅形态对称而分左右，而且还面朝南而分前后。堂之所在，就会用轴线“对称”“前后”这些方位特点应对自然、组织景象，强势地影响周边。园林中加入堂，也就是在自然环境中加入了一种秩序。园境与堂的“前后”相对应是最为常见的做法。堂内从前后引入光、影和园林景象，园景便得到了堂的气势。堂“前后”的处置如果破除常规，可以开辟出相当独特的园境，如静庵公山园的堂。

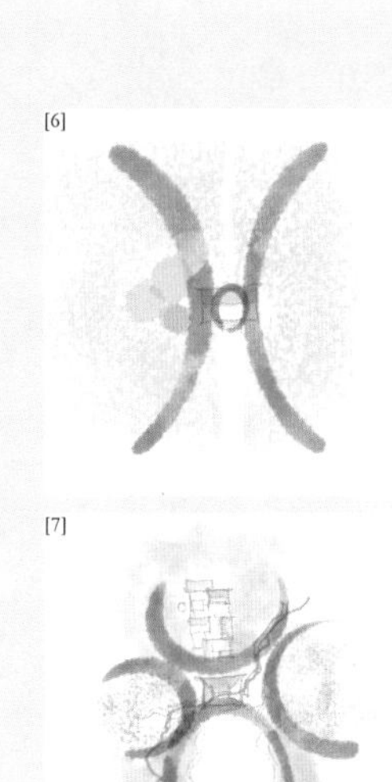

本书案例显示了堂对称与左右景象的特别组合。本案的魁父草堂建筑对称，左右景象不对称，反差很大。前面的案例西佘山居的春雨堂，也是左右景象不对称，用左右两室去对不同的植物景观。吴国伦北园的佚我堂，也是堂对称，环境不对称。这三座堂的处理异曲同工。

三个案例都关注景象与堂左右对称的关系：堂用“左右”与不同的自然景象相配，其左右对称性与周边不对称的自然环境叠合，趣味活泼。左右景象反差越大，堂也越显得潇洒不羁。也许，看堂“前后”“左右”怎样与外面的自然景象配对成势，是品赏园林的一个独特视角。

荪园 | 绿雪槛

循魁父東折，步欄可數十武，題以「綠雪檻」。上覆美蔭，下滋崇蘭，過之泠風翏然，六月忘暑。

——吴文奎《蓀園記》

绿雪槛

从魁父草堂往东，有一条长步栏从南至北，长有好几十米，上覆美荫，下面是兰花，微风凉爽，景色怡人。

步栏，这应不是一般园林有屋顶的廊子。有一种可能是花架，上面覆盖的美荫是茂盛的藤萝，下面两边地上又滋生了很多兰花。盛夏的安徽非常炎热，但是在绿荫覆盖的花架下行走却感觉相当清凉，有微风在廊间流动，能够让人忘掉盛夏暑热。与魁父草堂的小尺度相比，它是一条相当长的廊子。

另一种可能是栏槛护在两边的步道上，这样的设施在现在的园林中更少见。上覆美荫，就可能是列植树木茂盛的树冠，步栏建在两列树木之间。栏槛或许选择白色的

绿雪槛场景重构一示意图

石料，在绿色浓荫之下有一长条白色，可称“绿雪槛”，栏槛之外种植了各色花草。

这条步栏长而直，气氛轻松而优雅，其形式少见，在全园格局中作用也奇特，是苏园设计的一处亮点。

绿雪槛场景重构二示意图

形的设计：

1. 长花架南北走向设置，早晚斜阳光照和暗影交错，明晦美景变换。

2. 以浓荫覆顶而凉爽，上面日头越烈，藤蔓下面越凉；开花时，上部花垂下，很美。

3. 两边地上遍植兰草，低处地气滋润；开花时，幽香袭人。

4. 花架或者步栏比建筑走廊的形式更朴素、轻快、自然，另有一番洒脱的美感，与草堂能相匹配。

5. 朴素的步栏长达几十米，在小园中造成“长”势。

荪园 | 葵圃 花屿 荪亭

又東折，度門爲葵圃。澗水竇墻入，淙淙不絶……汙池可數弓，花嶼中峙，若鳧雁象馬，菡萏茭葼雜植，宛在瀟湘一曲。平橋曲折亘兩岸間，洲上爲蓀亭，崇山峻嶺，茂林修竹，差具體山陰。余暇則趺坐其上，甚樂也。至盛夏，方碣一築，清流怒湍，浮杯迅駛，令人忘死。

——吴文奎《蓀園記》

葵圃　花屿　荪亭

沿着绿雪槛走到南面，往东折，穿过一扇门是一个小园子，叫“葵圃”。葵圃西面北面有墙，西墙门是游人入口，北墙有水穿流的门洞口。一条溪水从洞中流过来，水流淙淙不绝，可以灌溉家里种的田亩。

葵圃之内有一片池塘，池岸弯弯曲曲。水池当中有峙立的岛屿，岛屿的形状也是弯转曲折的，形象生动，看起来像马在跑，鸟在飞。水中和岸上种植了很多荷花、菱花、茭白和芦苇，岛叫“花屿”。

曲岸与岛屿相夹的水池景色看起来像“潇湘一曲”。潇湘一曲也是景观的一个经典：河水从广西桂林以北，穿越崇山峻岭进入湖南，成为湘江。它的江面弯曲不断，两边的山势蜿蜒，层层叠叠，江水清澈碧绿，与山上植物层层的绿相互映照。碧绿江水在青山之间弯曲流过，这种景象，被称为潇湘一曲，成为园林山水效仿对象。葵圃水池的岸线和岛屿，弯曲相对，就像在潇湘的那一曲江流婉转，非常优美。

葵圃 花屿 荪亭 场景示意图

岸上和岛屿之间用一座平桥曲折连接，岛的东端立了一座亭子，叫“荪亭”。从荪亭看出去，东面视野广远，崇山峻岭，茂林修竹，像在山阴道上。“山阴道上”也是景观的经典，在浙江的绍兴，本书前面的寓山园就在那一带。从荪亭看过去的景象辽阔深远，又穿插了各种山岭和植物，美不胜收。园主有空的时候就喜欢在荪亭里坐着，望着溪流对面的崇山峻岭，甚为愉快。

荪亭临着溪水，盛夏时，水量非常丰沛，园主就把大石块放到溪流中，流水被石块所阻，流速加快，产生激流漩涡。园主喜欢在荪亭上看着清澈的流水快速冲过小亭的周边，这流水深深地吸引园主，连生死都能忘却。

这是葵圃之内的景象。

苏亭清流怒湍场景示意图

形的条件：东侧沃野崇山，足称大观；近前有溪流丰沛。

形的设计：细致经营近前，反复衬托大观。

1. 将东面大观用墙隔开，围成一片小园，以小门通之；入门好似去往园之深处，实则通往园外旷境，以深衬托开旷。

2. 用池、岛、溪阻隔路径，以小桥通之；增加近前层次和细节，感知细小以衬托大观。

3. 溪水的呈现分为深溪浅池两种。一部分流动变化，用石块增强溪流的涌流之势；一部分浅池如镜，用岛屿花卉增其曲美之态。水的动静相互衬托，精致有势。在明代园记中，对自然流水的动势进行发挥的只有少数案例，苏园是其中之一。

4. 建小亭于岛的东端；在小亭中俯急流，从小亭中望大观。

优点：

○从葵圃的门看去，隔着池岛，亭掩映在远处成为视线焦点和目标。

○荪亭与大观之间，却又隔着溪水。

○荪亭近观水流，远望沃野崇山，远近所望巨细皆精彩多变。

评：

○从绿雪槛小空间一折，而过小门入葵圃，而穿较大的池曲花屿，而入更小空间荪亭，而望向旷野的崇山峻岭，而俯瞰亭下急流。小—大—最小：望最大而旷，俯最小而激。

○葵圃借溪水，以一系列精细营造，将东面大观收入囊中，变成好像是园的深处所蕴含的景象，非常成功。将它与熙园东临的园外大池相比，与吴氏园池东临的院外大池相比，就可以看出设计的高明。

荪园 | 绿天 希夷洞

穿灌莽，級石蹬，得绿天，坐隔岸，巴且百株，飄揚蕩漾，縞素對之，疑绿如染。旁隙通希夷洞……抵洞口而東出之，步盡矣。

——吴文奎《蓀園記》

绿天　希夷洞

荪亭东岸小丘或是园之外，岸上灌莽丛生。出荪亭，跨溪水，穿灌莽，可登上石阶，小丘的坡上有一大片芭蕉林，叫“绿天”。绿天也是一个典故，宋代的书法家米芾，以草书著名。他住处周围有一大片芭蕉林，他就取用芭蕉的大叶子来练字。芭蕉叶子大片平整，用得痛快。在芭蕉林下，阳光透过绿绿的芭蕉叶，投下来的阴影不是一般的树影，而是一种明亮的绿光，既阴凉又明朗。米芾把芭蕉林称为绿天，绿天也就成为景观的一个典故。说到绿天，那就是芭蕉林。

树荫能形成绿光的植物有三种，一种是竹林，一种是芭蕉林，第三种略逊，是梧桐林（青桐林）。荪园对岸半坡有上百株芭蕉林，园主称那里为绿天。芭蕉的叶子又大又肥，风吹过芭蕉林，叶子就飘飘扬扬地摇晃。林中的绿光更是动人，一身素白衣服在林中，看起来像被染绿了。

坐在绿天林下，微风翻动绿叶，园主隔溪回看自己的荪园，十分享受。

绿天旁边有一个窄隙，进去是一座山洞，洞口虽然小，里边挺大，非常阴凉，东边还有开口，空气可流通。园主在洞里设了休息之处，夏天可以一整天在那里睡大觉，可以对外面的事情不闻不问，这个洞叫“希夷洞”。“希夷”典出于《老子》，有很多后人加以注解，指的是一种无声无色的存在，一种非常虚幻寂静的心态，这体现出园主在洞中享受与世隔离的闲散状态。

这是荪亭对岸园外的情景。

荪园 | 衡门 达生台

由綠雪檻直北，出衡門，嘉桑一柿一，高且十尋，濱水多梅竹，設石几少憩。路畔叢桂與桑争奇鬥勝。循墻以西，爲達生臺，朱欄臨水，臺上古柏二株，亭亭相倚，花卉點綴，倒影參差，遊魚跳躍水中，小有濠梁之致。

——吴文奎《蓀園記》

衡门　达生台

从葵圃返回绿雪槛，沿步栏往北走，北头对着又一面园墙，有一扇门叫“衡门”。进门，有两株大树当面，一株是桑树，一株是柿子树，高度都有二三十米。树下有溪水，就是流入葵圃的那条溪水。溪水岸边很多竹子，还有不少花树。这些竹子、梅花、桂花，就好像在与那两株高大的桑树和柿子树争奇斗胜。水边布置了几块石头，可以在树下休息。

沿着墙和溪水折向西，西边有一座平台，台上有两株古柏树。这两株树高大挺拔，好像是相依靠的样子。在古柏树的下边，沿着溪水又种植了花卉。这个台临水的岸边围了朱红色的栏杆，景色倒映在水中非常漂亮。水里的鱼也很活泼跳跃，有“濠梁”的样子。“濠梁”与“知鱼”是同一个典故，故而这个台叫“达生台”。

绕过达生台，西面是大片竹林，竹林以西是园主日常生活的建筑区域。从水边并不能看见，因为繁密的竹林把它隔开了。竹林所掩映的有可能是园主之前的适园。

出衡门滨水场景示意图

衡门剖面对比示意图

衡门

形的条件： 两株巨大的树木，树下有溪流。

形的设计： 对两株巨树和溪流的呈现。

1. 将绿雪槛北头直对巨树，为呈现大树，先定好方向；由于绿雪槛上覆美荫，巨树虽然高大超出墙体，但绿雪槛遮住了游人向上的视野，只能看见树干。

2. 建一面墙把绿雪槛端头堵住，连大树的树干也挡住；行至大树近前却不知有树。

3. 墙上开门洞直对，一进门，已在巨树溪流间；两树形态显得极为高大，清溪在树下流淌，美而惊人。这样的园境转换手法运用得精准。

评：

○植物和溪水连续而自然，人如果在旧园游览，应是顺其自然。芬园将环境分成两段，在第一段用了多个“障眼法”做铺垫，将游人不知不觉地送到关键位置后，游人才突然感受身在美景之中。

○设计一断再断，用“逆向操作”；不同的势进行叠加反衬，组织成强势。

循墙以西为达生台场景示意图

达生台

形的条件：溪湾处两株古柏挺拔。

形的设计：

1. 古柏下建平台衬托，显得庄重，因此更突出。

2. 用朱栏、牡丹装饰平台，新与古，鲜艳与苍森碰撞、互衬而生动。

3. 台下水中活泼的小鱼，与台上古老高大的树冠各有可观，反衬有趣。

4. 倒影参差，活泼生动的美——苍古、庄重、新鲜、活泼，相反相成。

荪园｜万里桥 丽桂斋

比度萬裏橋，橋頭桂一株，勁干虬枝，如蓋如屋，下置黟石一拳，足揮麈逍遥，名曰「逍遥座」。少進，爲「麗桂齋」。廣庭列植四，桂齋當之，聚經生隆師都講地也。

——吴文奎《蓀園記》

万里桥　丽桂斋

从达生台沿着溪水转而往北走，水上有一座石桥叫“万里桥”，桥下一株桂花树，枝干遒劲，树冠像张开的大屋盖在上面，很是茂密。桂花树下摆放了一块黑色的石，可以在树下盘腿休息。这块石叫“逍遥座”。

再往东不远处，园主建一座斋叫“丽桂斋”，在丽桂斋前，又对称种植了四株桂花树。丽桂斋的建筑尺度比魁父草堂要大，也更正式。这是家里请先生讲课的地方。

万里桥场景示意图

万里桥

形的条件：有溪，大桂树在岸。

形的设计：

1. 紧靠大桂树设桥跨溪，成“桂—溪—桥”组合。

2. 设石座，在桂树如盖之下人可临溪而坐，与弇山园亭枕大树而临溪有类似的情态；桥的营造强调跨溪。

荪园｜梅门 高阁 水华榭

徑齋頭竹中可十數武，叫窱深黝。抵門古梅一株，大真蔽牛，甫出門，目境曠如。圍以短垣，高閣飛跨塘水，憑虛四望，東密岩三，跳石當東南方，山嶺當東方，口拄棒山響山當北，赤山頭當東北，余環拱諸土山如囷廩……登樓則見平疇曠野，阡陌縱横，烟樹室廬，雜沓豆櫳，麥蹊錯出，時青時黄，時紅瘦時緑肥，五禾具備。田間水流涓涓，穿舍下，經隆冬不涸。塘口原道上行旅梭織，諸遠峰……歷可數矣。下曰「水華榭」。波光動蕩梁棟間，四周環植榆柳桃李梅千百本，深水種魚，淺水種蓮。朱明啓候，祝融司令，幽芳吹風殢人，逮朗月疏雨，更爲增勝。

——吴文奎《蓀園記》

梅门　高阁　水华榭

丽桂斋以东是一片竹林，一条小径穿过竹林，宁静幽深。小径的尽头对着小门，门旁边是一株古梅。古梅很大，小门掩映在古梅的枝叶下。这门叫“梅门”。

推门而出，眼界豁然开阔明亮，前面一片池塘，一座“高阁”跨在池塘的水面上。高阁之上，窗户打开，四面通透，景色美好。楼上所见，远山环围，像弯的峨眉，平田旷野，阡陌纵横，烟树和村落点缀其中。庄稼有豆、油菜、麦子，有黄、有绿，各色庄稼使得田野色彩缤纷。田间小溪，水流涓涓，其中一条溪水直流到荪园里来。溪流水量丰盈，隆冬的时候也不会干涸。大地之上，近处行人看得清清楚楚，远处诸峰也历历可数。

抵门古梅一株场景示意图

高阁的下层很贴近池塘的水面，周边开敞临水，叫作“水华榭”。池塘的景象也颇丰富，池塘岸上周边种了榆、柳、桃、李、梅，达到千百株。大量的花树把这个水池周边围了起来，是一个绿树围合的池塘。水深的地方养鱼，水浅的地方种荷花和莲花。水面波光动荡反射，水华榭建筑的梁栋之间水光晃荡闪烁。从春天到盛夏，各种花先后开放，池上一旦有微风，芬芳的气息就吹到建筑里。夜间明月，水上又是赏月佳处。雨天池上，可在雨雾迷蒙中看桃花、梨花；下层的水华榭用来欣赏水池和周边的各种景象。

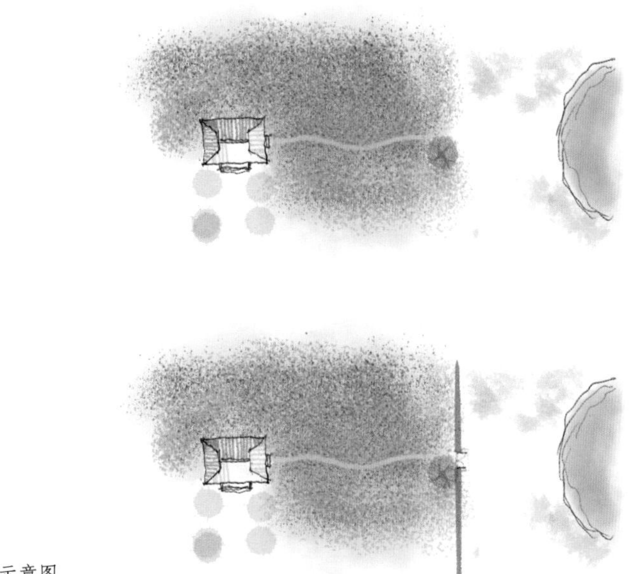

梅门平面对比示意图

梅门

形的条件：竹林中有古梅一株。

形的设计：

1. 建墙于古梅之东，将古梅围于墙内西园；墙可以衬托古梅形态，也可承接古梅树影。

2. 于古梅旁设门，通往东园；小门掩映在古梅之下，显得小而有趣味；“梅—墙—门”组合紧凑有味。

评：

○竹林浓荫，竹径幽深，“梅—墙—门”五者组合，细暗处景致互相衬托，交织成趣。

○原本只有直白的一径向东，但加了这一组景致，对西成深院，对东显旷朗。近门、出门、回来通过门，都有意蕴。

梅门 高阁 水华榭 剖面示意图

高阁　水华榭

形的条件：平地，东为园外。

形的设计：

1. 凿池，环池植树，高榆、垂柳、桃李千百本，池如在盆中，围成内向空间。[1]

2. 建高阁于池中，桥飞跨水面以通；造型灵巧虚明，阁高出树梢。[2]

3. 阁之上，放眼园外。

4. 阁之下，在池中央看鱼、看莲，看光、看景。[3]

[1]

[2]

[3]

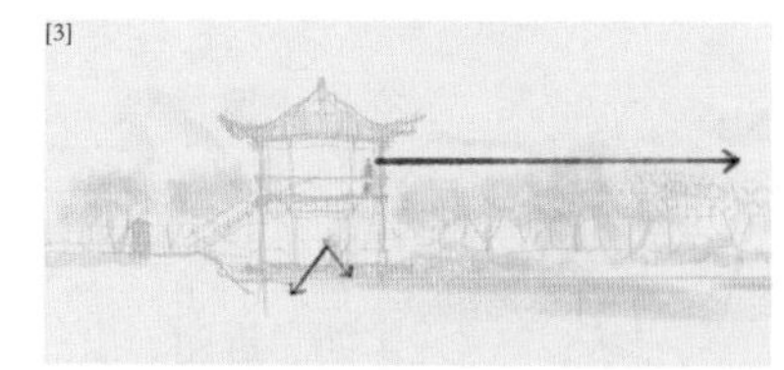

苏园 | 总体分析

苏园总平面分析

苏园的位置，东面为沃野崇山，足称大观，西面为城镇民居，处于市镇的边界。园的用地为一带废园圃加上一带新扩地，携带了三个特殊禀赋：

1. 西带为废园圃，大树苍古，竹林幽邃。

2. 东带新扩，虽无原生林竹，却东向沃野崇山大观。

3. 清溪水丰，斜穿西带和东带。

总平面如田字格分为四区，分区造境；以墙相隔，小门相通；各区之间景互不相借，互不相望；全园景象并无意互相统一。

全园分为四区，各区发挥条件，力争塑造特色。

第一区竹树茂密。在竹林土丘中建草堂，沿东墙林下建长步栏绿雪

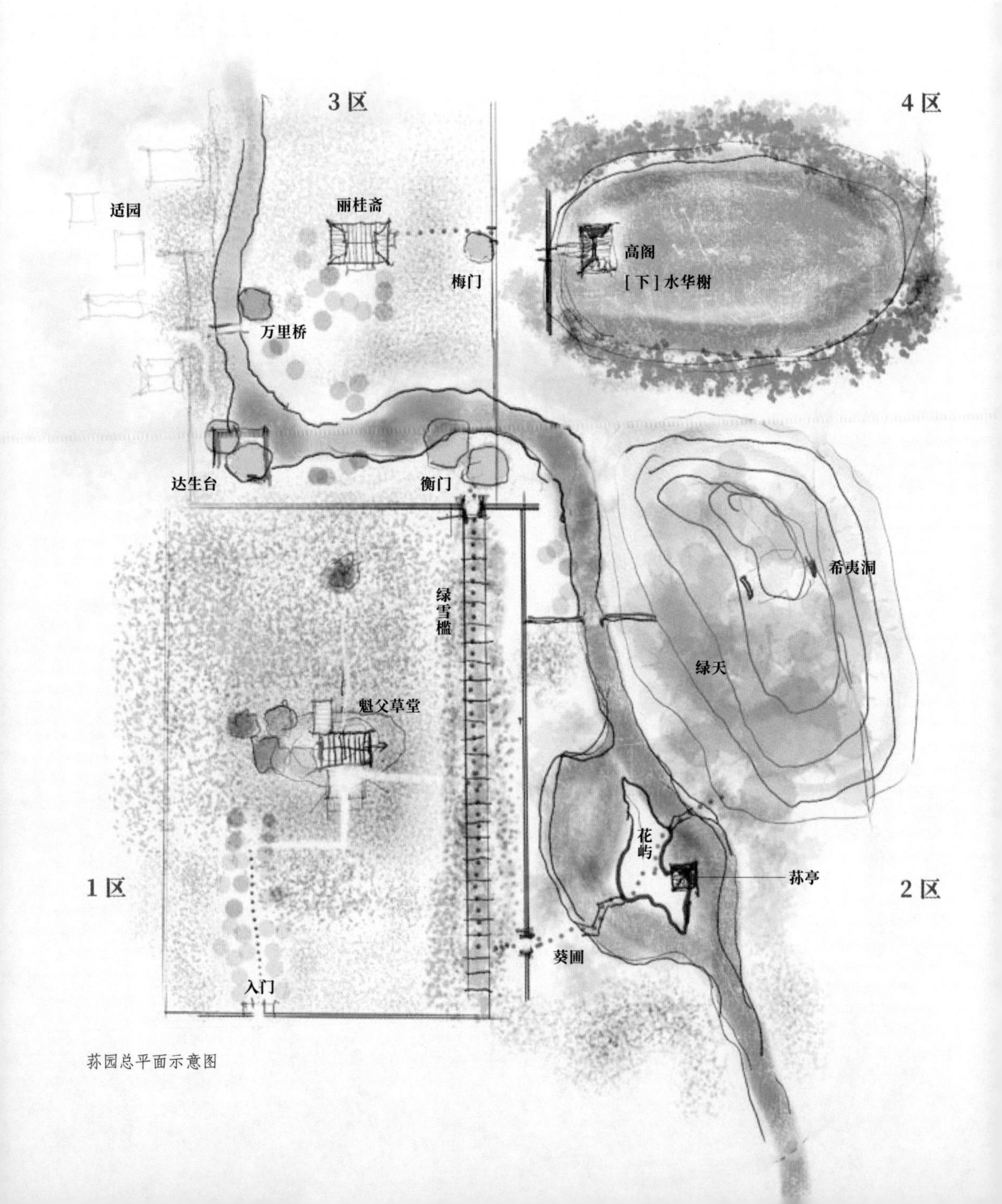

苏园总平面示意图

槛。第一区仅两笔做成，堂与步栏造型简洁，营造了萧瑟、明朗两种气氛。绿雪槛形式和作用很特别。

第二区有溪流。建池、建岛、建亭，层层叠叠。亭中向东能远望，临溪水可陶醉。跨溪，在芭蕉林下回望荪亭有趣，细致的处理优美可感。

第三区竹林密植，有四处大树分布，有溪流弯曲流过，这是园中植物溪流条件最好的一区。两处大树以墙、门相配，一处配以台，一处配以桥。唯一的房屋丽桂斋在竹林中辟地建设，有功能无景象。第三区的营造节制而到位，景象非常幽邃，曲折变化多，特征鲜明动人。

第四区比较开阔，阁在水中。上层为阁，欣赏园外远山近野，下层为榭，欣赏水面细密的微动、光景。第四区布局相对常规单调，前三区的巧思不再。

荪园没有中心池塘水景，也没有与池塘相配的堂、叠山格局。荪园之水以溪流形式贯穿，它是条带状的，自由弯曲的，水景呈非中心化的蜿蜒状。这是荪园独特的条件。

此条溪流水量充沛，足以担当园林水景。这个条件影响了园的格局：在废圃时代没有如一般园林凿池而保持此自然状态；在新园时代，第二区略扩了平池，但是并没有将其中心化，而是成为一个区的配角。可是园主在新园第四区凿了大池，采用了中心化的组合，虽然没有成为全园的中心，对园的格局没有大影响，但使得四区落入常规园林的窠臼，虽想尽办法，还是逃脱不了单调。

园主总结："因者易，创者难。"难者应该是指第四区，凭空创造出色的景观很难。

苏园没有明确的中心，格局没有如弇山园堂区有纵轴线和左右横轴线，也不是前后一线串联，如北园、筼筜谷；不是疏落散布，如寓山园、西佘山居；不是环状，如熙园。

全园路径组织，看似没有章法，却有特别的处理，体现出景观价值。

1. 折返一绕穿：

从一区到二区经绿雪槛过小门向东→二区向东后在绿天回望，再向西折返回到一区绿雪槛→去三区从绿雪槛向北再过小门→盘绕穿过三区，向东过小门进入四区。这一路略有转折盘绕，从不同的方位角度观景，加上近景远景切换，感受更为丰富。

其中有两处“回返”：一处是二区跨溪到绿天，从坡上林下，隔岸回看苏园；另一处是从二区出葵圃小门回到一区，再入绿雪槛，去往三区。这两处折回，提供了新的视角，也不显得过分盘绕，有景观价值。

2. 对区景的衬托：

进二区葵圃池岛之前，一区有绿雪槛浓荫衬托，有墙和小门衬托。

进三区高树溪流之前，一区有绿雪槛长长的直对衬托，有墙和小门直对衬托，有小门非常抵近大树的位置衬托。

进入四区池塘高阁之前，三区有竹林小径直对，有墙和古梅小门幽邃环境衬托。

四个区各创其景，但是通过路径转折和前序有力的反衬，彰显多种不同的特色，而至游线高潮迭起，全园用此方式实现统一。

路径重新构架了园中景象的顺序，重新组织了这里的开与阖、围与透、覆盖与下穿、高与低，非常精彩。苏园总体组织独特优越，前面三区内的细节营造新颖不俗。

总而言之，简而丰，静而奇，是苏园。

园主说，在原来幽邃的条件之下做应对，借用原来的条件来做景，比较容易。而在平旷的一块地上，无可凭借，全靠自创，做景色更困难。

专论｜景观中的墙与门

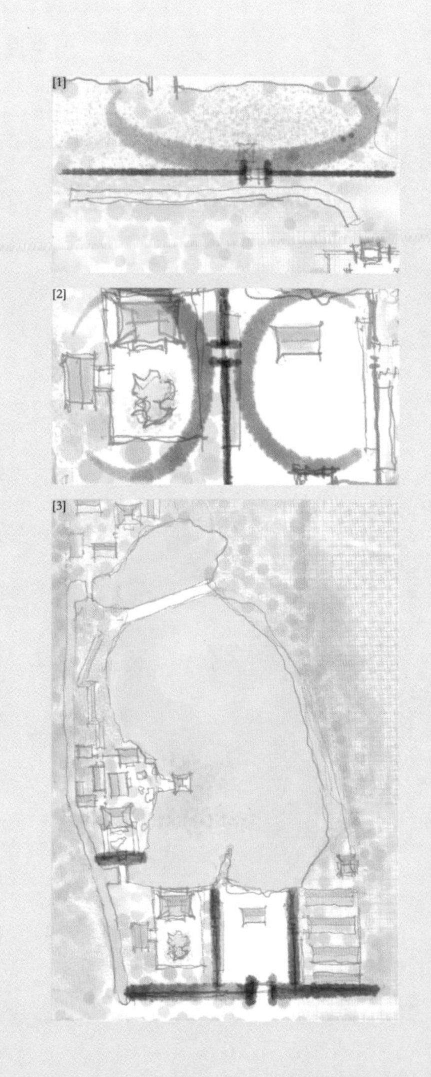

院落，是中国传统空间构架的原型。

在中国景观营造的传统中，院落的墙与门两个元素被拆分：既可以围院，也可以不围；既可以两者组合，也可以不组合。仅仅用元素，在园林中仍然携带着空间架构的意味，很可自由发挥。

弇山园小祇林的墙，把惹香径和此君亭两区做了分隔，又用门，再穿通。园境切换效果明显。小祇林并没有完整围院，但进入墙门觉得是幽深别院。[1]

澹圃从收获场到明志堂，两边反差极大。也是一墙之隔，一门穿通，加上方位光影和廊庑的运用，效果惊艳。[2]

澹圃，全园边界只有南面有墙门，其他三面都是竹树水沟等。但是从正面墙门进入，感觉在大院中。而园与周边田野松弛连接的状态，得以形成。[3] 澹圃之内还有少量

[4]

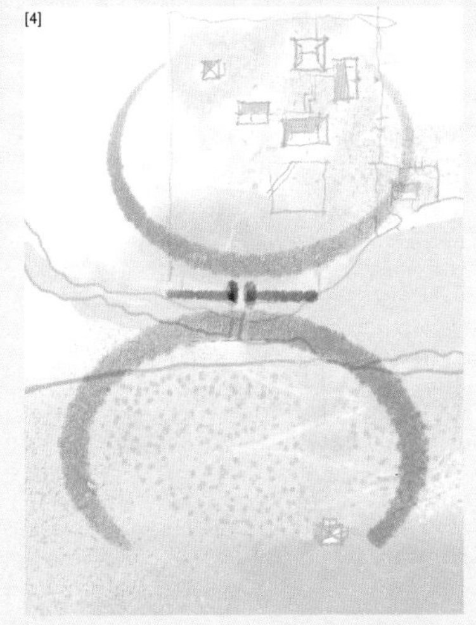

[5]

[6]

[7]

片段的墙、矮墙，表现出浑不在意的态度。

西佘山居山麓的“北山之北”门墙，落在紧连着的桃花绿柳与繁荫郁然连接处，将两区切开，桃花绿柳区切在门外，繁荫郁然区切在门内[4]，门通往内宅。

三洲园，在没有围合的江洲上，用墙门围小院“三洲深处”，彰显古松林与烟雨阁的幽深。又用一个牌坊立在阆风台前，衬托台的独特地位。牌坊可以算是没有墙只有门的设置。弇山园入园路也有一个牌坊，是入山路的起始，匾额为“始有”。[5]

本案荪园善于用墙门，园用墙进行四分，格局独特。

荪园的衡门，原来有两株喜人的大树。设计用墙相隔，又用小门相对。人向着大树走去，视线被挡住而浑然不知，穿过衡门忽见大树时，已在大树之下。出门紧锣密鼓，令人印象深刻。[6]

荪园的梅门，原始条件只古梅一大株，东面是池阁。设墙，将古梅纳入西院，将小门紧靠在古梅之下。如此，从西院东出，可体验景象豁然放开。[7]

从清代留存的园林看，墙门用得多的是城内私家小园，好像是“整装”的园林。墙门用得少的，或可说是“散装”园林，是在自然原有的大环境架构中的散点营造。例如扬州瘦西湖、冶春园，杭州西湖、西泠印社，承德避暑山庄等。

本书的明代案例散装情况较多，比较典型的“散装园”有寓山园、西佘山居、横山草堂等。

横山草堂

园境·明代十一佳园 | 第十一园

山高崖深　溪清石奇　林环云拥　大山之园

横山草堂导览示意图

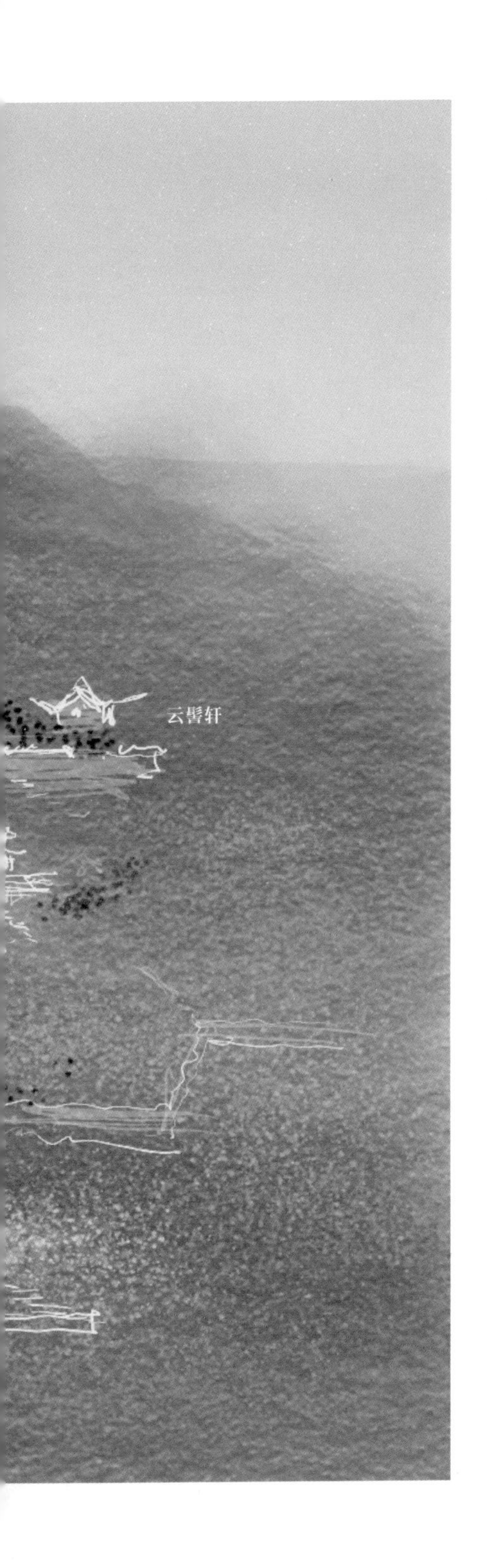

横山草堂位于杭州西湖以西的自然群山中，从山顶可望见钱塘江。此虽为私家园林，却真正在一片比较大的自然山中展开，山势的变化，完全左右了园境的方向。比起寓山这样的小山，横山草堂显得宽大自由。比起西佘山居这样在山一侧的单一诗意园，横山草堂的造境显得更有力量，更变化莫测，更为不羁。山园主体位于山的高处，造境以高处为特征，十分可贵。它更带有中国传统山岳风景区的造境手法。在11个佳园中，横山草堂更能反映我国古代山林园的一些特征。

横山草堂 | 园的故事

横山草堂位于今浙江省杭州市西南的连绵群山中，园建造时这里名为“黄山”，在此之前山的旧名为“横山”。园记描述，山的高处有溪流，有盆地，山顶南面可见钱塘江。从杭州城去横山草堂，可经西溪，又可经钱塘江边，两路同为25千米长。据此推想，横山草堂具体的园址可能在现在的午潮山国家森林公园白龙潭景区。园所选建的山高度不到300米。西佘山居所在的西佘山，在松江算大山，高只有八九十米，寓山估计高度不超过30米，因此横山300米的山体已经很有大山气势。

横山不算很高却位于群山中，大片群山形态蜿蜒起伏，曲线优美柔和，远看层层叠叠。由于气候湿润，植被多样而繁茂，常年翠绿。云雾霞光下，山景变幻多端。山高处有小溪，山中有泉水、瀑布、深潭，溪水从山麓竹林潺潺而出。位于群山环抱中的横山，因此比单一山体的空间景象更为丰富。

园在群山之中地势极为多变难测，无法重构绘制出总平面导览图。对园的位置的推测，可依据园记文字的几处描述。一是从城到园的南北两条路径所经以及长度；二是园高处山顶可见钱塘江；三是园有一处环山深谷地形；四也是十分独特的一点，是园的位置在山高处有水源。据此四点，初步推测，横山草堂可能在今午潮山风景区一带。

《横山草堂记》是园主自记，园主江元祚，字邦玉，号横山樵子，明代著名藏书家，钱塘（今属杭州）人。他精通儒学，擅长诗文，又无心入仕，著有《横山草堂文集》。

江元祚的朋友诘问：一般的人，有房子可以居住，心里就很安乐，而你有房子居住，还拥有一座园林叫“澹圃”，园内池台竹树都相当不错。澹圃又在杭州城内，可以闹中取静，来去既方便，环境又幽静，园子里的山水景色俨然真山，关上园门就好像在深山里了。你有这么好的一个园子，为什么又要去山里营造“横山草堂”呢？你占据的美景是不是太多了，是不是过于奢侈了呢？

江元祚回答说：我并不是要贪占很多美景，我是一个可进可退之人。我既可以寄生于山林，又可以居住在城市，所以两边都要营造。

朋友说：这倒也是的。但是我看你每次去澹圃好像待不了多久就出来，而去横山草堂就好像回到家里，住得心安理得，流连忘返。这什么意思呢？

江元祚说：澹圃和横山草堂相比，就像一个小土堆和衡山、华山相比一样，是没有可比性的。我的横山草堂以崇山峻岭作为屏障，又以茂林修竹来围绕，它的前面有江有湖，又有古梅、古松装点它的路径，后面岩石中有山泉水，还有瀑布作为它的邻里，有趵跃泉、龙潭、千丈岩可畅游，那真是天造地设的绝佳之地。这必然是为了一位福气很大的人准备的。我福气比较薄，但是现在也很希望在这里短暂栖息享受一下，决不敢指望更多。

横山草堂｜西溪山间路

「草堂」結于「黃山」，「黃山」舊名「橫山」……離吾家五十里許，其途有二，一由涌金門，以平湖、長江爲徑……一由錢塘門，以古梅修竹爲徑，歷「東岳」而「西溪」，越大嶺……予多取道「西溪」焉。「西溪」抵吾庵，路過半矣。沿途茂林深夾，碧澗紆流，村落茅亭，不數里一憩，且轉折烟迷，如入「武夷」九曲，非止行山陰道、令人應接不暇也。

——江元祚《橫山草堂記》

西溪山间路

横山草堂在杭州，位置有可能在现在的午潮山或者梅家坞这一带。城在东，湖在西。西湖以西都是山，草堂在群山的偏西部分，不直接临西湖。从园主城里的家去横山草堂，一条路是从钱塘门出城，往北往西走，经过西湖北面，经过西溪，再往南到横山草堂；另一条路从涌金门往南，经过钱塘江边，再向北登山到横山草堂。我们现在说的这一条是经过西溪的路，园主偏爱这一条路，也饱含感情地记下了此路的景象，主要是从山外西溪到山中这一段。

从杭州城到西溪走了路的一半，再往南，就进入山林之间。山路穿行于峡谷和茂密的树林之间，路旁时常有从山里流出来的山涧，水清澈而碧绿，弯弯曲曲的。

这条路不仅有清澈的涧水相伴，又时时有村落茅亭，过几里路就有

西溪山间路场景示意图

歇脚休息的地方。小路曲曲折折，林中经常有轻雾，曲折的山路穿过这些薄雾，迷迷蒙蒙的，也看不清前面的路有多远。各种山间景色层层地呈现出来，令人应接不暇。园记中说这一路的景色竟像武夷山的九曲溪那样变化多端，比传说中的山阴道上还要令人应接不暇，境界邃密幽深。这是从西溪到横山草堂的一段路。

横山草堂｜近庵六松

近庵二百余武，更有六松，大十數圍，高可百尺，古幹龍拏，蒼姿翠滴，每箕踞其下，清冷之氣逼人，不惟爲「黄山」翹楚，即「三竺」「九裏」，亦避下風。惜局于社垣之間，殊未得所耳！然峭峙路旁，與「佛慧」古樹，「法華」老梅，均爲吾往來快觀。若千百年來預爲山居辟此佳境也。

——江元祚《横山草堂記》

近庵六松

路快到横山脚下，有六株古松立在路边。古松硕大，树冠有十几围，也就是说十几个人拉起手来才能围出像它的树冠这么大的范围。古松高达100尺，就是二三十米高。古老粗壮的树干盘曲而上，针叶的树冠却苍翠欲滴，苍古而壮硕。

园主每次行到这里，会在六株大松下面稍作休息。杭州的夏天极其闷热，可是在这六株古松下休息，清冷之气逼人。可以想象这六株古松高大堂皇，不仅遮蔽烈日，投下浓荫，而且它们粗壮如山石的树干和覆盖在上巨大浓密的树冠，向空间散发出自身所储备的大量凉润之气。六松之下成为闷热环境中一个强大的凉气场。

园主说，这不仅是横山最好的古松，它们与世上那些美名远扬的古松相比也毫不逊色。但因为六松在偏僻的山里，在村落田野之间，所以

近庵六松场景示意图

并没有彰显而出名。它们就峙立在我从家到横山草堂的路上，跟这段路上前面经过的古寺庙前的一棵古树和一棵古梅，都是我这一路走来最向往的景象。也许是千百年前，这几棵古老的树就提前为了我的山居而在这里创造出不一般的佳境，早早就为我的草堂备好这条美不胜收的路径。

横山草堂｜漱雪 蓄翠

由是先入深壑，竹陰轉密，日影不漏，有溪一灣，潺潺横瀉，雪浪漱石齒間。予磊石爲橋，即名「漱雪」。更植桃其岸，傍有一泉，尤清澄可鑒，中涵竹色，因以「蓄翠」題焉。

——江元祚《横山草堂記》

漱雪　蓄翠

六株古松，是横山草堂入园路的起点。过此之后，小路突然转入山谷。山谷一带都是竹林，竹荫非常浓密，竹林里根本看不见天，故而显得十分幽深。小径在竹林中穿行，遇到山间的小溪。小溪中有一道横断的石坎阻拦，溪水在竹林里蓄成一片水湾，池水漫过嶙峋的石坎，流下来形成一段横向的小瀑布。瀑布在乱石之间翻滚冲刷，水沫像白雪一样，在竹林幽暗中显得白亮。

园主用石头垒了一座小桥，题名为“漱雪”，在桥上可以静看这段横瀑；又在溪水边种植了一株桃花。竹林和溪水的旁边还有一泓泉水，水面清澈平静，像一面镜子。往“镜子”里看，镜中是周边竹子的倒影。水面“含”着竹林的翠绿色，这泓泉水就题名为“蓄翠”。

漱雪 蓄翠 场景示意图

设计要点：

1. 仰面：深山壑 + 密竹林——空间紧密，竹细色绿，光线幽暗。

2. 俯视：溪流一弯 + 瀑布下泻 + 静泉倒影——幽绿中有清亮，激荡活泼，翠色倒影。

小路穿过，溪流穿过，行人随之穿过。

横山草堂｜扃岫 竹浪居 空蕴庵 鹿藩 巢松 云肆

再歷高阜，松筠夾道，逶迤而入，編竹爲扉，曰「鹿藩」。藩内復開辟曠地，植梅數十本，冬月香雪平鋪，亦不減孤山「疏影」。此處一望，翠竹成窩，青山作障，兼多竹木，掩映茅檐，而籬垣一帶，横亘山腰，如作關柵，因顔其門曰「扃岫」。進此有堂，高出竹杪，風枝掃月，如奔緑浪，遂名曰「竹浪居」。從此左支，五折而進，則净供梵王，名「空蘊庵」。庵前梨樹一株，疏秀入畫，及夫花發，春雨微蒙，嬌香冷艷，瀟灑風前也。左曰「香夢窩」，予寢榻在焉。右曰「挂展寮」，以款吟侣。稍後曰「鹿藩」，峰露墻頭，如人行于墻外而見其髻。庭北有閣二，松翠翳日，雲壑挂窗，署曰「巢松」，曰「雲肆」。

——江元祚《横山草堂記》

扃岫　竹浪居　空蕴庵　鹿藩　巢松　云肆

路在松树和竹林的夹峙中逶迤向上。登上高坡，山坡上有一扇门，门用竹子编成。门叫作“鹿藩”。门以内，园主开辟出一片开阔的平地，种了几十株梅花。冬日梅花开的时候，如一片香雪平铺，疏影横斜。园主说比宋代的名人林逋在孤山上的梅林景色分毫不差。

从竹林夹道走到这里，景色变得开朗。从梅林一望，满山翠竹成窝，青山如屏障。在翠竹树林的掩映中，高高低低地能看到几处建筑的飞檐和墙角。园墙的篱笆像横在山腰的一条腰带，把山的上半部分景观给围起来了。园门名为“扃岫”，意思是给秀气的青山围上了一个腰锁。这是山半，是少量建筑营造加入到山竹景中共同构成的景色。

入扃岫门，略高处有一座堂。堂的位置高出坡下的竹梢之上，从堂

空蕴庵场景示意图

向外看，下面的竹林在微风的吹拂下就像涌动的绿浪，堂叫“竹浪居”。

旁边有一条岔路，经几个转折，便走到一座小庵，庵中供奉梵王。庵叫“空蕴庵”。庵前小庭有一株梨树，它的姿态很漂亮。梨树早春开花，在春雨微蒙中，梨花冷艳娇柔，在风前潇然洒落。庵左边的房间叫“香梦窝”，园主在其中设了自己的寝榻。庵的右边房间叫“挂屐寮”，可供游走的僧侣或者其他客人居住。

庵之后的山上，有一段白墙，墙内有一座轩，它的屋檐高高的，从围墙上面露出来，这轩叫“鹿藩”。竹林树木遮掩着建筑，只有它的屋檐从墙后露出，像人小小的发髻在头顶上。

再向上，有两座楼阁，楼阁在更高的山上。松树和绿竹掩映着这两座楼阁，因为位置更高，树林更密，半山的雾气向上聚集，有的时候看

从扃岫到云肆建筑依山而建示意图

过去这两座楼阁的屋檐好像已经在云雾之外。其中一座叫“巢松”——在松林中的巢；另一座叫“云肆”——云可以在周边放肆。

从竹浪居上沿着山坡往上走，地势越来越高。在竹林和松林之间，建筑依山而建，被松竹掩映着，屋檐高下参差。下面是园门扃岫，外有梅园，再外是鹿藩。

形的条件：半山山坡，松竹茂密。

形的设计：这是一组日常起居建筑，建筑物高高低低自由散布，被竹树掩映，又争相从竹林中探出头来。几座建筑与山坡竹林交织成参差的山居景象。

横山草堂｜悠然见南山轩 留屧

閣之南又有軒，結境虛敞，桐陰蘚石，點綴階前，竹露松風，時送秋響，更枕小澗，旦夕沸聲，非特眼界閑遠，抑且耳際多韵，偶題曰「悠然見南山」，取其面山而悠雲耳！稍下數級，臨所枕澗，因堪浴硯，即以名溪。溪上架一艇，曰「留屧」，令得憑欄醉目，觀星浪碎飛，或汲流煮茗，坐以談玄，故來遊者不致徒涉而過。

——江元祚《橫山草堂記》

悠然见南山轩　留屧

从那一对阁楼处稍微再上，就上到山顶平坦的地方。那里建有一座轩，它的构架高大宽敞，门窗花格镂空，这座轩轻快而有高爽的气势。

轩的前面是青桐树林。这是中国的青桐树，它树身高大，树皮细致而美，树干也是青绿色的。青桐的树冠树叶大而绿，阳光透过这些大的绿叶子，下面的树荫也微带一点绿色。桐荫之下，地气湿润，地上的石头有各色的苔藓。轩前面，空间高敞，上有高高的青桐树投下绿的树荫，下有石头长着各种青苔装饰在地面上，环境非常宽敞，有和美的气氛。

人在建筑中休息，不仅能看见眼前树荫下美好的环境，还能听见周边美妙的声音。在轩后不远处有一条山溪，溪水日夜地流淌，水声盈耳。清晨黎明时分，周边的竹林将积累了一夜的露水滴落下来，轻微的滴水声也能传进厅堂之内。

如果有风，风会穿过厅堂，周边的松林也送来飒飒的松涛声。

从林荫中往南看，南面又有阳光下山坡。这里的气氛宽松悠闲，让人身心舒畅。这座建筑叫“悠然见南山轩”。

从悠然见南山轩稍微往下走，就遇见在轩上能听见水声的那条小溪。溪水清澈，可以用来洗砚台和毛笔，因而叫它“浴砚溪”。可以在轩中写字画画，在溪水中可以洗笔、洗砚台。在这条山溪的水面较宽处，园主在水面上用木头架了一座小平台，样子像一只小艇。平台上有栏杆、座凳和茶几。溪流从小艇下面流过，凭栏可以细看水流与石头激起的细小水花。在这里可以跟朋友们喝酒作诗，也可以取山涧水来煮茶，一边喝茶，一边跟朋友谈天说地。溪上这个小平台，叫“留屐”，意思是留住客人的脚步，不要随意过去。

悠然见南山轩 留屧 场景示意图

形的条件：山坡顶上，桐荫覆盖，有溪潺湲。

形的设计：

1. 高处，林荫下建高轩开敞精致，望南山光景明媚。

2. 低处涉溪，架木平台如小艇，俯清泉活泼可爱。

横山草堂｜郤月廊

越是，地多奇石，予稍爲布置，可倚可憑，曰「泚筆齋」。就其高下屈曲，嵌一修廊，宜吟宜步，曰「郤月廊」。

——江元祚《横山草堂記》

郤月廊

越过刚才的山涧溪水，再往前走，地面的石头变得越来越多，越来越大，形状也越来越奇特。园主在这石林之间搭建了一座小小的斋，在石间依凭着小斋休息读书。这斋名为“泚笔斋”。

再往前，奇石更多，而山坡的地势也高下起伏得厉害，形成了一种崎岖动荡的山势。园主于这个地势上，在大石块之间嵌入一条修长的廊，使得这一带崎岖难行的山势中有一条平缓顺畅的长廊。人从廊中从容穿过这些崎岖的地势，能很舒适地在廊子里踱步吟诗，凭栏望月。这便是“郤月廊”。

郤月廊场景示意图

形的条件：山石奇多，地势高下起伏，有崎岖之势。

形的设计：

1. 小斋嵌入奇石，巧而得趣。

2. 长廊架于山石之上，嵌于山石之间，长而平直，反差成势。

3. 小斋，长廊可凭临、可踱步、可倚靠吟咏，与奇石相映成趣。

横山草堂｜花源云构 醉山阁 藏山舫

廊盡，另辟一竇，背山臨流，曰「花源雲構」。內有敞閣三楹，山翠環擁，大爽人意。當雨雪之晨，霞月之夕，挹嵐光之變幻，觀浮雲之卷舒，能令骨痴心醉，李九疑先生題曰「醉山」，深得此中之趣者也……再進有半閣，曰「藏山舫」，兩崖相夾，如泊富春山下，境最幽絶者。

——江元祚《横山草堂記》

花源云构　醉山阁　藏山舫

修长的郤月廊尽头，是背山临溪的环境，园主在那里设置了石门洞，门上题字“花源云构”。

花源，是桃花源的意思，预示一番奇景。但奇景不是由桃花构成，而是由云雾构成的。进山后有一座敞阁，登阁而望，周边青山环抱，下如盆地，空间高旷开阔，大爽人意。雨雪之晨，霞月之夕，山光变化可挹，浮云卷舒可观，令人骨痴心醉。楼阁题名“醉山”。

楼阁的下层房间，叫“偕隐”，园主和家人在此居住。再往前去，有一座小阁，园记中说是“半阁”。半阁的朝向与醉山阁不同，位于两崖相夹的峡谷。小阁在山崖之下，好像一艘小船停泊在富春江边上。半阁叫“藏山舫”，是环境最幽绝处。

花源云构 醉山阁 场景示意图

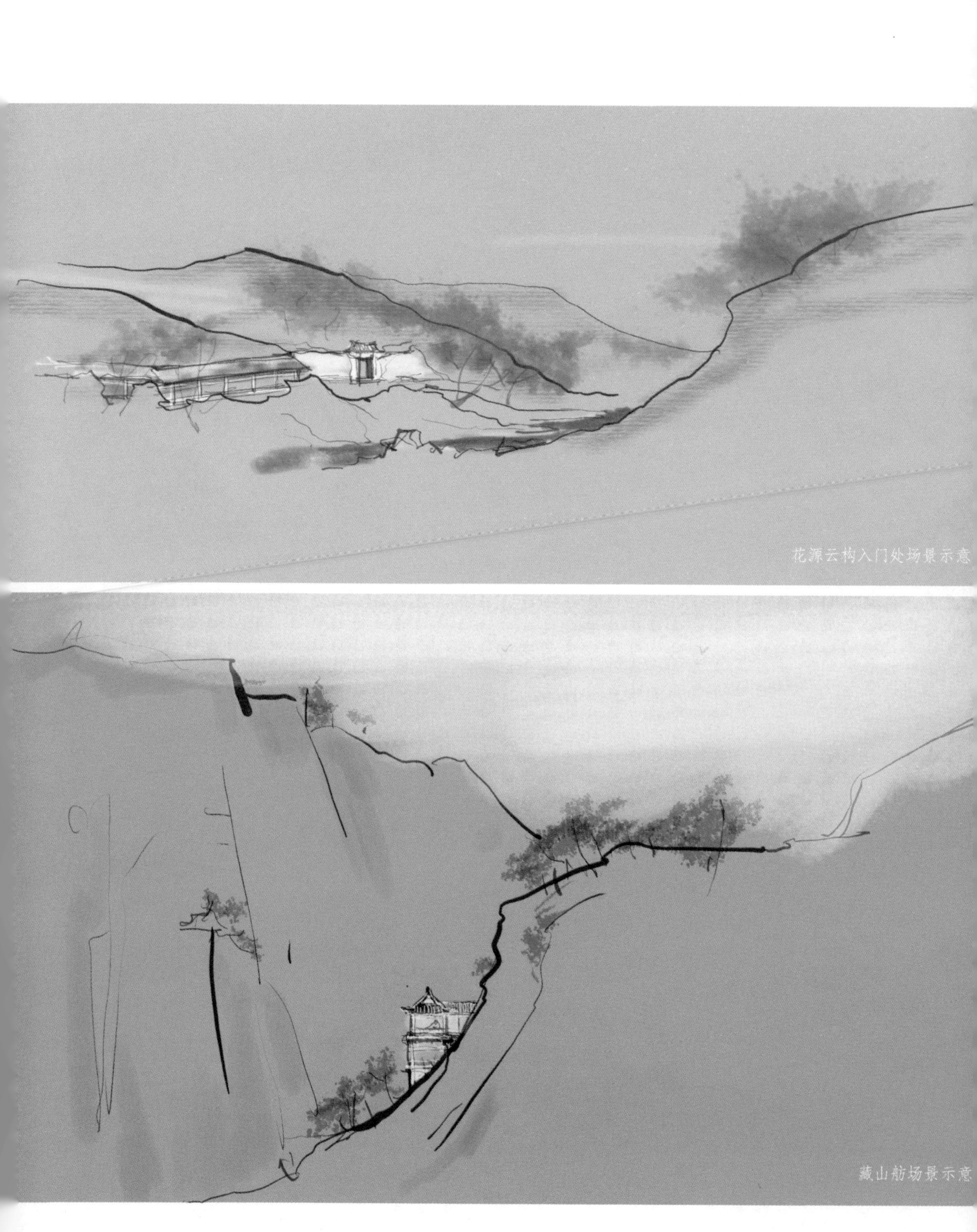

花源云构入门处场景示意

藏山舫场景示意

花源云构分析示意图

形的条件： 高山盆地，山青云多，前有溪水。

形的设计：

1. 盆地自带空间围合，背山临溪设石门洞，盆地有进入感，似乎是“入内”，将“大观”藏于小门之内。

2. 盆地边沿建敞阁，观揽山光变换云雾舒卷，得大畅之境。

3. 阁之后设藏山舫，深藏于两崖之下，得深幽之境。

4. 三建筑成一组，布置于盆地环境，建筑各异其趣，反差很大，相互衬托。入深得敞，揽动、处静。

横山草堂｜霞外亭

出樓南，曲徑陰深，蜿蜒而上，構一亭，曰「霞外」。參差峰岫，浪擁眉際，寥廓江海，鏡鋪月端。加之朱氛焕衣，白雲擁足，予每登眺，便覺體氣欲仙……

——江元祚《横山草堂記》

霞外亭

从花源云构的醉山阁往南，有一条幽深山路，它曲折蜿蜒地通向盆地南沿的山上。山顶有一座亭子，叫“霞外亭”，是在这片山林的最高处，从这里向南视野特别开阔高远，可以越过周边的山峦看见山外的大江——钱塘江，江外的海口悠远宽广，浪潮好像近在眼前。

日落霞红，月出如镜，白云飘过来，好像云涌到自己的脚下。晚霞照在山顶上，人的衣服都映红了。每一次园主登高到了霞外亭，就觉得“体气欲仙”，飘然有人外之想。

这是横山草堂的最后一境，最高的观景点霞外亭，望山外江海无际。

霞外亭场景示意图一

横山草堂 | 总体分析

总的形势

横山草堂最大优势是借到极佳的山景，营造要点不在于总平面构成和建筑营造，而在于辨其未明的山势，巧营造而发扬之，山之大势尽揽。园所以收得丰富多样的境，在其山、其园、其人。

1. 其山

横山是西湖以西群山中一处山岭，群山连绵，形态多变，层层叠叠。小岭高不到300米，山上林木茂盛，竹树交阴，下半山竹更密，山高处树更多。此山富于水泉，高处即有瀑布水潭溪流，山麓溪水从竹林中流出。山岭虽不大，但位置极佳，南面峰之上可见山外大江远海。园主说“屏以崇山峻岭，复绕以茂林修竹，前则江湖松梅为径，后则岩石泉瀑为邻”，是为其山。

横山草堂距离园主在杭州城的家宅25公里。园主最喜取道西溪进山，此路弯曲如武夷山的九曲溪，景色环环相扣，令人应接不暇。园主说，此路经过的种种景象，像是千百年来就为横山草堂备好了。西溪路丰富的景象可算横山草堂动人的序曲。

2. 其园

园在山之高处。高处山势有不少起伏转折，景象超旷，加上林木奇石，变化多端。园选在山之高处看起来是简单的事，实际受到水源的约束，很少能在高处建成山居。此山高处有泉水瀑布，接近山顶也有小溪缓缓长流，非常可贵。

园分两部：山居区和山园区。

山居区在山坡上，沿山坡松竹密布之中，散布有堂，有庵，有寮，有轩，有阁，层层叠叠而上，山居主体则藏于林下。

山园区在山顶部，景象开阔，借地势多变营造园境。其一，岭上平处，林荫下建悠然见南山轩；其二，溪流潺湲处跨建小艇平台；其三，溪流婉转处建小斋弄笔砚；其四，奇石高下坎坷处，嵌入长山廊观月；其五，山口，背山临流处建门可穿；其六，盆地环山，于高处建醉山敞阁，岚光在山高处变幻，浮云在阁下卷舒；其七，于两山相夹之谷，建半阁藏山舫，小而幽绝；其八，蜿蜒登山，在小山峰上建霞外亭，览峰外群山浪涌，江海寥廓，镜铺月端，白云拥足，体气欲仙。

八个园境，可分三组：一到三境，悠闲小趣，可称悠境；四到七境，紧锣密鼓，大起大伏，园境奇绝，可称快境；第八境，岭上看山外，高远辽阔，可称爽境。

除了山上园区，还有一点营造。

中国古代，在大山中古老的寺观，有的将标志性的山门设置在距离寺观院落很远处，还有设多座山门延绵数里。它的优势有三：远迎来客，彰显寺院雄势，形成寺之深境。

横山草堂入园即用类似方法。园的营造集中在山高处，却在山脚竹林深处营造漱雪标识入园。乱石小坝蓄水一湾，石隙形成落水，建小石桥观落水，岸边种桃。这一组轻营造表达出大山小园的山林意趣。

3. 其人

从家步行几十里路再登山，不觉疲惫而兴致勃勃。居住山上，出门必须上下攀爬，却感到十分享受，园主其人必是体格健壮，喜好外出运动之人。城中小园澹圃当然不是他的理想园林。

园主精通儒学，擅长诗文却无心入仕，其人应是豁达自信、思想自由之人。很多文人造园，都是为了平复仕途坎坷、怀才不遇的凄凉心情。江元祚造园的目标看来直接简单，是为了与大山相伴，尽情地享受自然。山园获得了一种明朗壮阔的气势，园如其人，这也可以看成园主身心健硕在园境艺术上的表达。

横山虽然风景如画，但是位置偏僻，游人罕至。江元祚携家带口每年数月隐居横山草堂，达20年之久。经之营之，让它成为一个疏阔辽旷，奇巧不拘的山居园林，典型地体现了长隐于山中的人随山造境的艺术自由。由于园主的学识人品，横山草堂和江元祚的名声，使横山渐渐为各路文人所知，山园成为他们登门拜访、探讨学问、欣赏美景的世外桃源。

霞外亭场景示意图二

明代十一佳园回顾

一、园林中的“山”和园林的创作者

园林的“山”

若论地理位置，长江中下游的六省市中点缀着这十一佳园。江苏省有弇山园、澹圃和吴氏园池；浙江省有寓山园和横山草堂；上海市松江有西佘山居和熙园；湖北省有贺筼谷和三洲；江西省有吴国伦北园；安徽省有荪园。

若论具体地形，所选的十一佳园又可以分为四种：

一、自然山园：寓山园、西佘山居和横山草堂。这些所谓的自然山园，其中山的高度并不高，横山最高，但也只有200多米。由于在连绵的群山中，因而很有大山气势。寓山的高度估计在20米左右，是一座很小的山。佘山在松江很有名，可高度不到100米。但是它们是真山，各有气势。园林的人造山不能与之相比。

自然山园在第一本《园境：明代五十佳境》中还有10个园林。它们是：玉女潭山居、月河梵苑、季园、遵晦园、宋仪望北园、两垞园，李郡臣大漠园、小昆山读书处、毗山别业和春浮园。

二、浅地形园：吴国伦北园、吴氏园池、熙园和荪园。浅地形园的用地，三座园是选在平原之中略有土坡起伏处营造的，地势起伏的高下不超过10米，有的甚至只有三五米许。吴国伦北园是在平田与远山延伸的末梢处，起伏高下虽与上面的三园相似，但是，它带有一点大山的余韵和野莽不羁的气势。

浅地形园在《园境：明代五十佳境》中还有溧阳彭氏园、梅花墅和寄畅园。其中寄畅园位于惠山、锡山相夹的低平处，园地虽然基本平坦，但是真山真地的形、态、势对园影响明显。

借用山形地势而创作独特的园林，明代成就斐然。

三、平地园：弇山园、澹圃和筼筜谷。前两园在城郭之内的田园村落区域，筼筜谷应在城外。弇山园采用大量叠石造山，形成山池；澹圃、筼筜谷二园则没有叠山。澹圃空间大体平坦，用大池与边角地构成空间反差；筼筜谷则利用高竹林与平地围深院的反差，加以置石，以构建空间高下。

平地园在明代五十佳境中还有离薋园、露香园、豫园、归田园居、影园、归有园、静庵公山园、逸圃和淳朴园。

平地园数量不少，多建于城市之内，就近园主居家生活，建筑往往较多，这些园林最多使用叠山。建筑和叠山构成层层精巧的空间格局。

四、江园：三洲园。这是大江中的岛洲园，江外与崇山相对，洲内有巨松高耸。园虽小，但气势充沛。

明代园林的成果，很关键的一点在于借自然地形和条件的优势而大加发挥，创作者不欲循规蹈矩，各种自然条件，特别是地形地势提示了不同的创作方向和机会，园也因此各具特色。

园林的匠师

从十一佳园的园林营造，可以探知到的专业造园家的有三位：张南阳、吴姓山师、张轶凡（张南垣的儿子）。

前两位分别参与了弇山园和澹圃的营造。后一位应该参与了寓山园的部分营造。张南阳有名于时，有文人为他专门作记，流传至今。吴姓山师只在王世贞《弇山园记》和《澹圃记》隐隐约约出现，本书研究关注到他，从园林案例的创作特点对他做了一些推测。张轶凡也史上存名，因为他是著名造园匠师张南垣的儿子。本研究参考祁彪佳日记得知他对寓山园有所参与。寓山园的关键创作若与他有关，可说明张轶凡的造园水平很高。本书根据案例，对这三位造园师的创作风格做了简要的推测和评论。

由十一佳园的园主本人，可以探知或推测到，深度参与园林创作的至少有六人。其中醉心创作、操心劳神、经常泡在工程中的园主应有三位，他们是：寓山园的祁彪佳、吴国伦北园的吴国伦和荪园的吴文奎。其余三位深度参与者是：澹圃的王世懋、西佘山居的施绍莘和横山草堂的江元祚。

十一佳园的园主亲自撰写园记的，有八位。上述六位中有五位是亲自写园记。其他三位是弇山园的王世贞、贺筜谷的袁中道和三洲园的杨锡忆。王世懋虽然深度参与澹圃的创作，但是《澹圃记》由他的兄长王世贞为他记写。

明代三篇最长园记，园主自记的这八篇园记中就占有两篇：祁彪佳的《寓山注》和王世贞的《弇山园记》。其中《弇山园记》可称为古代园记文体的代表作。王世贞主领明代文坛二十年，主张文体复古。他又将园记作为自己文学创作的一大方向。王世贞家族爱好园林，他本人又对山水园林感受敏锐。与亲自投身园林营造的文人相比，将园记写得非常出色的王世贞，本人并没有深入的营造实践，但却阅园无数、感受敏锐、记文有序、评价精当，他因此成为明代园林设计营造的公允的评价者。园主们希望有幸请到王世贞来游园，以期得到他的园记与评价。弟弟王世懋醉心造园，文笔也很好，但王世贞为他作园记，仿佛这才得到权威的评判，颇为有趣。

八篇园记中还有一篇特别短，即袁中道的《筼筜谷记》。袁中道兄弟三人被称为“公安三袁”，他们对明代晚期文坛有着独特的影响力。他们反对复古，主张性灵，因此被称为“性灵派”。《筼筜谷记》可以说是明代“性灵派”园记的出色代表。

这11篇园记，呈现了明代造园活动中匠师、文人与园主等多种角色在造园实践与思考中的活跃状态与积极贡献。亲自参与创作与工程实施的三位园主，在他们的园记中都写下了一些造园的认识，甚或是设计的原则，虽然星星点点，但也十分可贵。

园林实体创作与园记的文学创作交辉相应，创作者的才华和用心，开启了园林和园记最终的艺术效果。

二、明代十一佳园设计研究

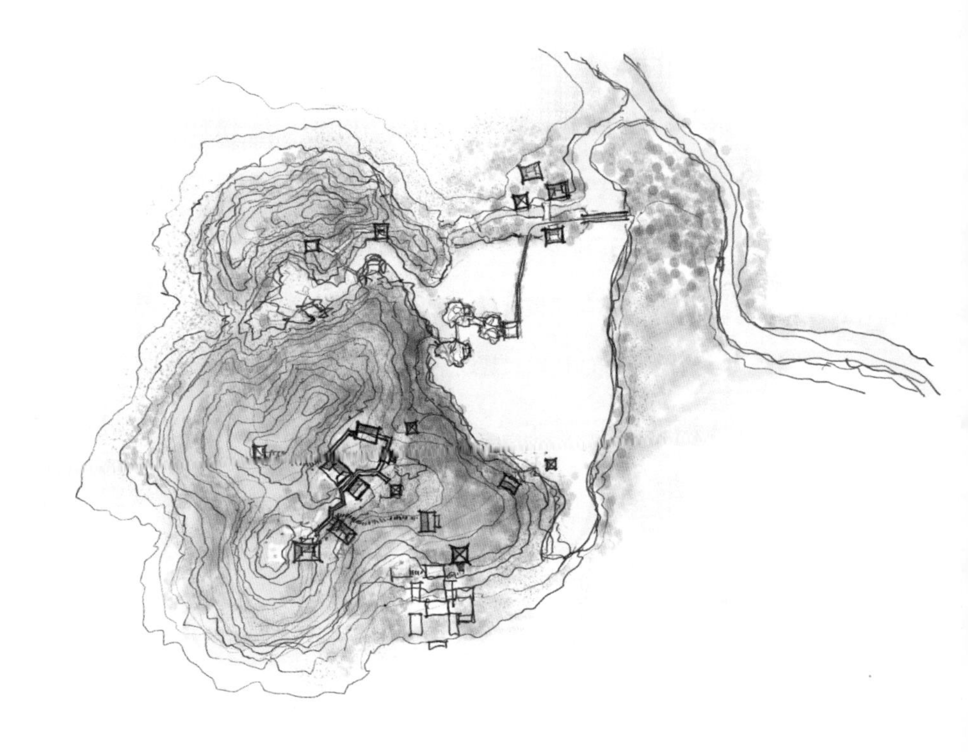

第一园 | 寓山园

原初条件： 自然小石山，上有松竹，看似一般。

设计概要： 1. 凿大池配小石山，成山水大观。

2. 池岸，设点观山观池。

3. 在池，设奇路穿池入园。

4. 在山，高下选点，背山观景。

议　　论： 关于张南垣子侄。

第二园｜吴国伦北园

原初条件：沟坎杂林，生机蓬勃，看似不堪之地。

设计概要：1. 利用土坎高林做“高耸”之势。

2. 利用低洼平旷地做“逸和”之居。

3. 在杂乱地形中做巨大圆池，加入秩序。

4. 在圆池中叠三组石山，观山错动掩映。

议　　论：1. 圆池三论。

2.“穿”而得势。

3. 定中轴于分界处。

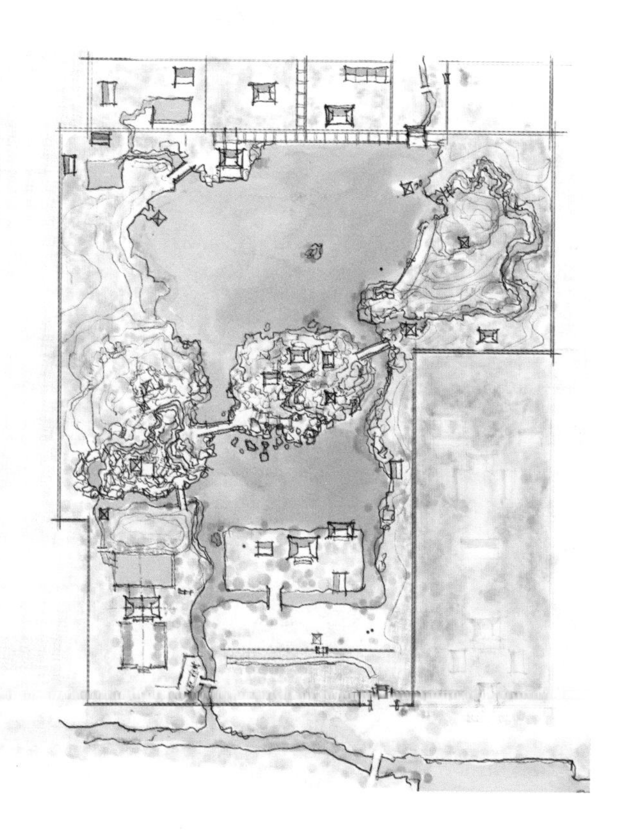

第三园 | 弇山园

原初条件： 城内偏僻平地，三次扩地。

设计概要： 1. 大园70亩，分四期扩建。

2. 先后凿两大池，一南一北，峡谷水相连。

3. 先后叠三大山，从西南到东北延绵，成群山之势。

4. 山水映带，建筑点缀，景象反差互衬，变化无穷，游观丰富。

议　　论： 1. 堂的轴线散失。

2. 弇山园两处北窗。

3. 亭之“枕”。

4. 认识园林的一个新视角：境的生长。

第四园｜澹圃

原初条件： 城内偏地不大，田畦野林农家。

设计概要： 1. 小用地而开大池，建设用地被挤成边角。

2. 特殊边界通透，多向接续园外周边的场所气氛。

3. 用反差做“澹泊”之势。

议　　论： 明志堂方位光影分析。

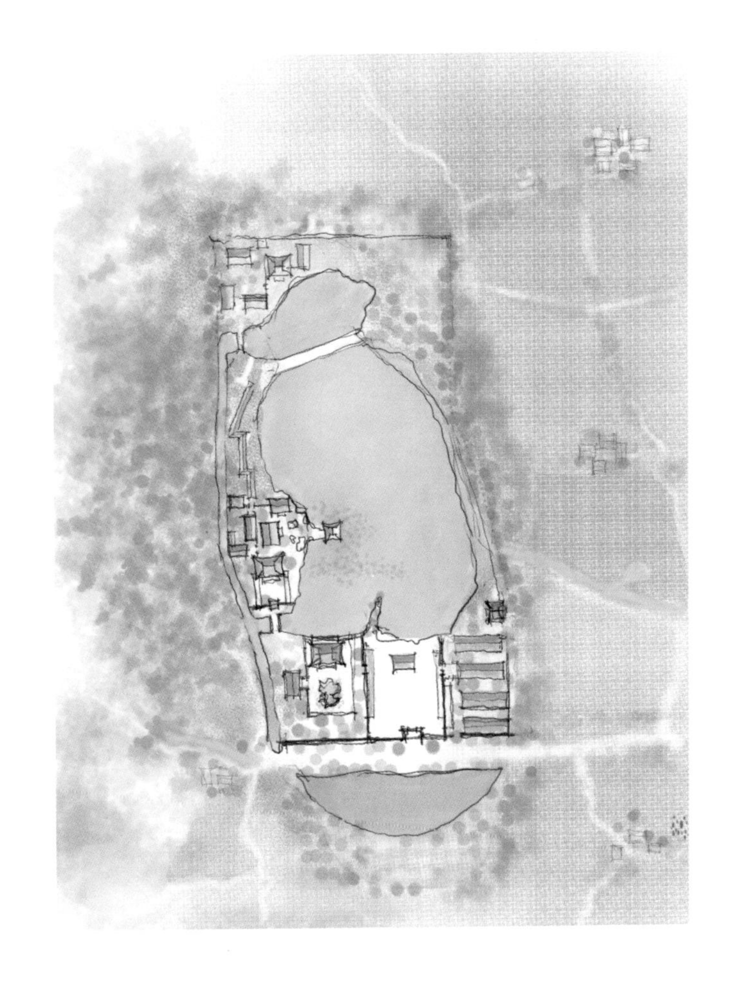

第五园 | 筼筜谷

原初条件： 筼筜林30亩，位于河旁湖边。

设计概要： 1. 芟去筼筜林中三片为院，串联。

2. 大尺度单纯矩形院落切入，独步明代园境。

3. 弃用一切复杂手法，简洁至极，非常有力。

议　　论： 中国古代一处几何形园林。

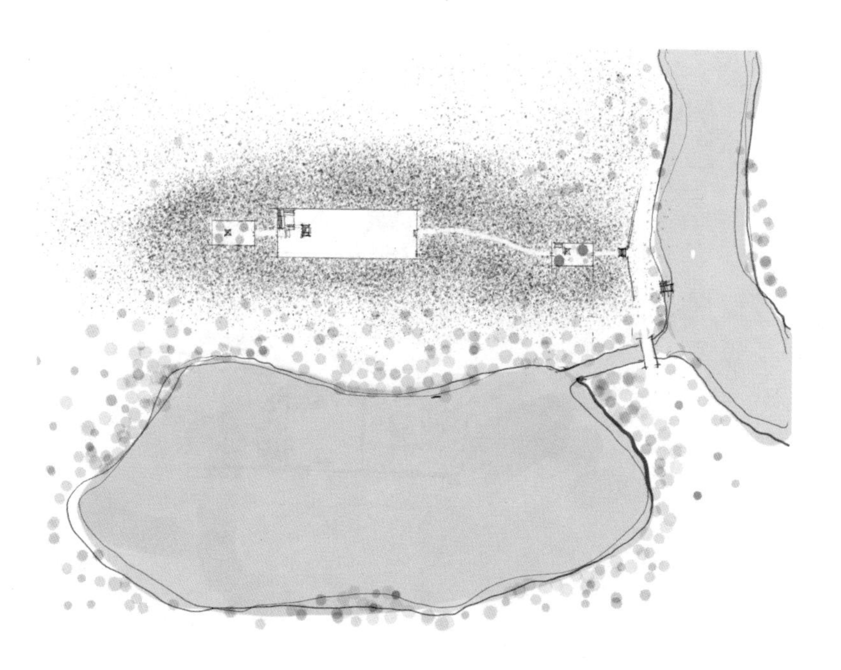

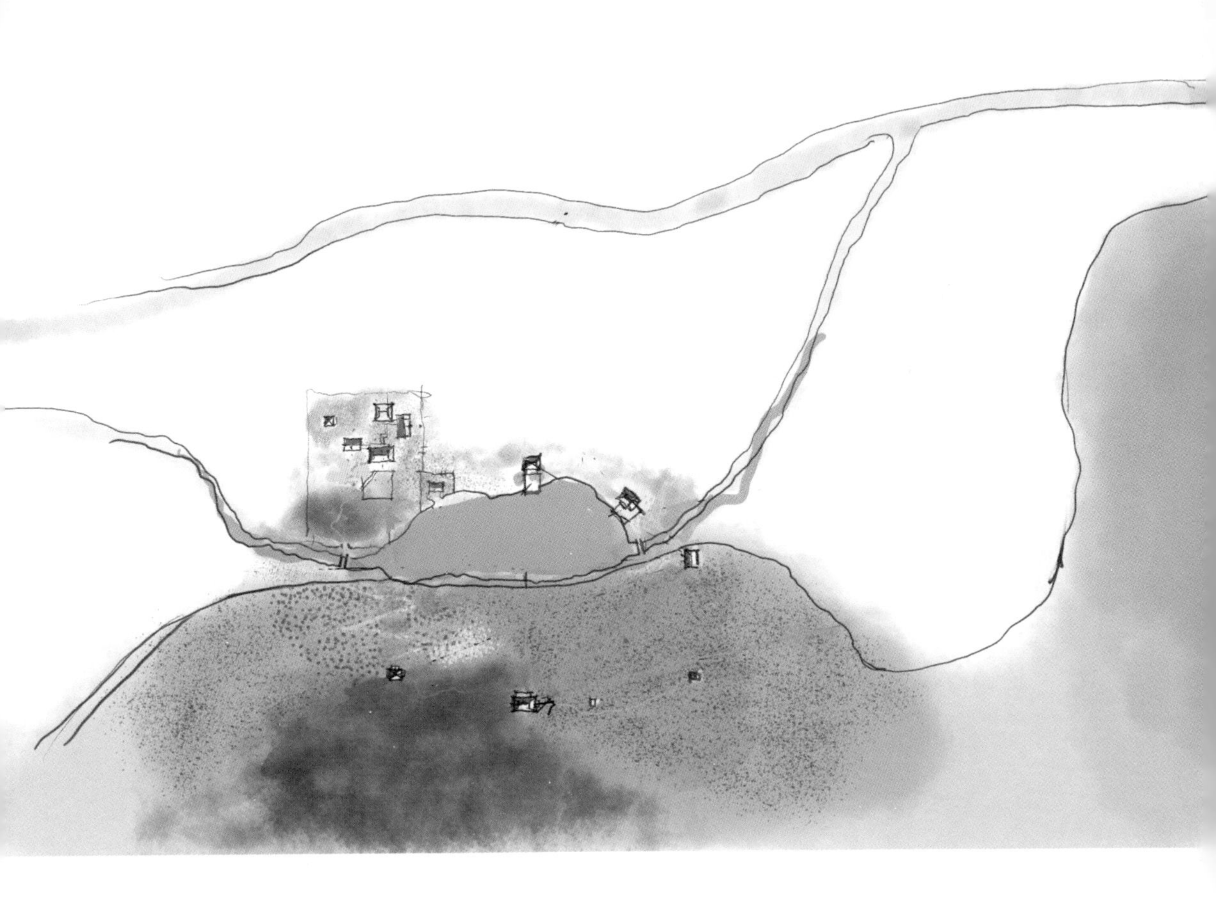

第六园｜西佘山居

原初条件： 小山半坡，山下长池平岸。

设计概要： 1. 半坡与平岸隔水对望，成优越大局。

2. 位置高低，俯仰观景，远近视野，光影诱人。

3. 建筑散漫简约。

4. 享受植物的自然亲近。

5. 小舟可从园内水面驶出，恣意远游，南不过西湖，北不过太湖。

议　　论： 方位与“花时万斛红涛”。

第七园 | 吴氏园池

原初条件： 城外平地有土丘，水泉涌溢，旁有山池。

设计概要： 1. 从堂后出，经野地石关栈道入园门。

2. 丹室小池，园至深处设奥室。

3. 泉石山池奇巧多姿。

4. 东山奇花异卉文采披纷。

5. 大池黎明，飞音传向，优胜不可名状。

议　　论： 1. 精致的小方池。

2. 中国古代一处独特的花卉山景。

3. 吴氏园池与网师园的入园路比较。

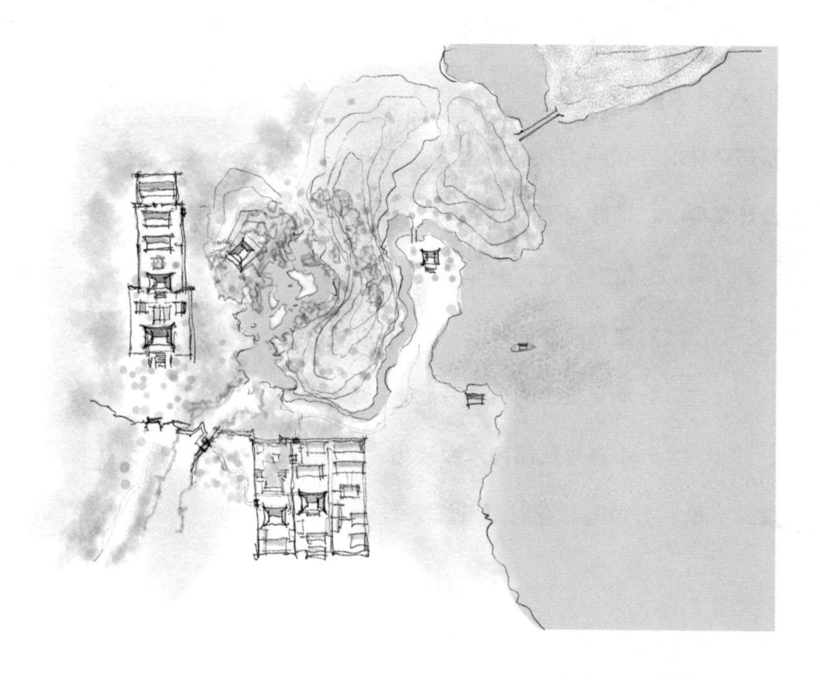

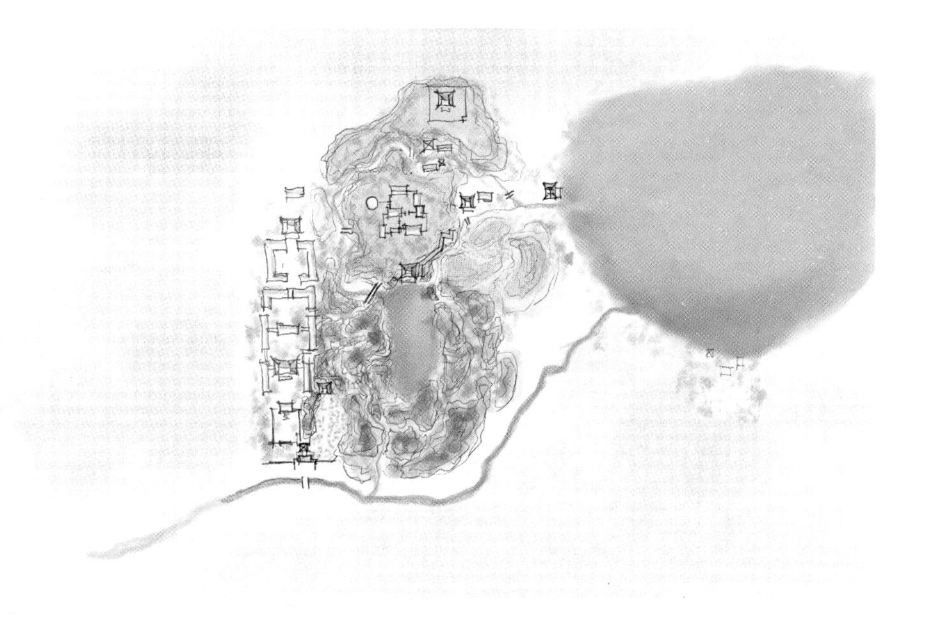

第八园｜熙园

原初条件： 平原佳地，内有土丘老林，外有平田大池。

设计概要： 1. 用丘之沟壑深谷，造成深山深池、盆地，山林野径，高台地等山境，建筑依势点缀。

2. 园分内环外环两圈，中心为山池与堂。游线斜穿两环。

3. 内环紧密错杂景象神秘，外环向大池田野远望，舒旷平静。园内神秘，园外舒旷，形成反差。

4. 寺院、园墅两区并置，同一园门进入，四方亭分道。

议　　论： 响屧廊与架空木地面。

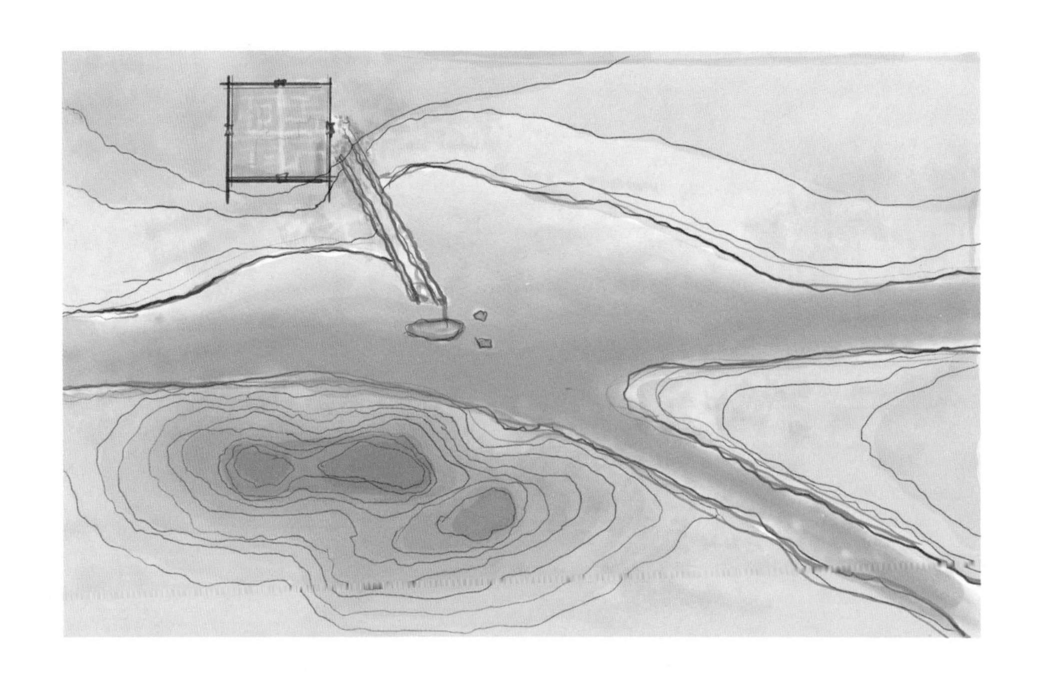

第九园 | 三洲

原初条件： 大水中小洲，独绝之地。

设计概要： 1. 于小洲建台观水。

2. 于古松林建阁高望。

3. 于峡岸建亭，俯激流，仰崇山。远望城郭。

4. 在大水汇合、崇山城郭夹峙之间，得“中心观”独特视点。

第十园｜苏园

原初条件：1. 用地西半为废园，东半为新地，清溪穿流。

2. 东面可观崇山峻岭，茂林修竹。形胜之地。

设计概要：1. 分四区造境，各区自成特色，手法互不统一，各区互不借景。园没有中心，没有主次。

2. 四区之界，以墙、门、步栏关联，一区给下一区以反差衬托。路径串联加上回返，景象一层一层打开。

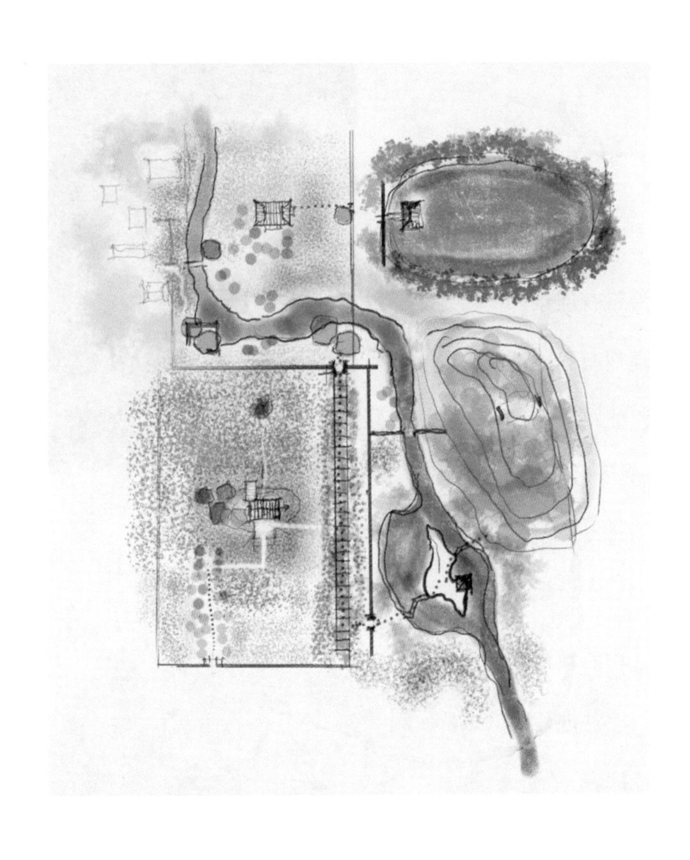

第十一园｜横山草堂

原初条件：1. 园离城五十里，沿路有佳景。

2. 园在大山中，山高却有泉水溪流。天造地设绝佳之处。

设计概要：1. 半坡松竹间建山居。

2. 山顶起伏地带建观景区，随山就势有八处营造。

3. 溪水蜿蜒设小艇，山石嶙峋建长廊，背山临流建门，盆地建阁观云，有亭山顶望江海。

主要参考文献

01. 西汉·河上公注、严遵指归，三国·王弼注：《老子》，上海：上海古籍出版社，2013 年

02. 东晋·王羲之：《兰亭集序》，选自《古文观止》，上海：上海古籍出版社，2016 年

03. 南朝宋·刘义庆，南朝梁·刘孝标注：《世说新语》，上海：上海古籍出版社，2013 年

04. 北魏·张湛注，唐·卢重玄解，唐·殷敬顺、宋·陈景元释文：《列子》，上海：上海古籍出版社，2014 年

05. 北魏·郦道元，陈桥驿校证：《水经注校正》，北京：中华书局，2013 年

06. 唐·柳宗元：《至小丘西小石潭记》，选自《柳宗元集》，北京：中华书局，1979 年

07. 明·来知德集注：《周易》，上海：上海古籍出版社，2013 年

08. 明·王夫之：《宋论·永历实录·箨史·莲峰志》，长沙：岳麓书社，2011 年

09. 明·张凤翼：《乐志园记》，选自《中国地方志集成·乾隆镇江府志》卷四十六，南京：江苏古籍出版社，1991 年

10. 明·王思任：《游寓园记》，选自《古今图书集成·经济汇编·考工典·卷一百二十园林部》，北京：中华书局、成都：巴蜀书社，1985 年

11. 明·张宝臣：《熙园记》，选自《古今图书集成·经济汇篇·考工典·卷一百二十园林部》，北京：中华书局、成都：巴蜀书社，1985 年

12. 明·祁彪佳编：《寓山志》，崇祯十二年刻本

13. 明·祁彪佳：《寓山注》，选自《祁彪佳集》卷七，北京：中华书局，1960 年

14. 明·袁中道：《珂雪斋集》，上海：上海古籍出版社，2007 年

15. 明·施绍莘：《秋水庵花影集》[博古堂刻本]

16. 明・王世贞：《弇州山人四部稿续稿・卷五十九・弇山园记》[四库全书本]

17. 明・邹迪光：《愚公谷乘》[锡山先哲丛刊本]

18. 明・吴国伦：《甔甀洞稿・卷四十六・北园记》[续修四库全书本]

19. 明・潘允端：《同治上海县志・卷二十八・豫园记》[同治十年本]

20. 明・王世贞：《弇洲山人四部稿续稿・卷六十・澹圃记》[四库全书本]

21. 明・刘凤：《刘子威集・卷四十三・吴氏园池记》[明万历刻本]

22. 明・刘凤：《刘子威集・卷四十三・吴园记》[明万历刻本]

23. 明・杨锡亿：《道光安陆县志・卷三十五・三洲记》[道光二十三年刊本]

24. 明・吴文奎：《荪堂集・卷七・适园记》[明万历三十二年吴可中刻本]

25. 明・吴文奎：《荪堂集・卷七・荪园记》[明万历三十二年吴可中刻本]

26. 明・江元祚：《横山草堂记》，选自《国学珍本文库》第一辑第四种《冰雪携》

27. 清・张廷玉等：《明史》，北京：中华书局，1974年

28. 清・张培仁编：《妙香室丛话・卷六・西佘山居记》[江苏广陵古籍刻印社]

29. 陈从周、蒋启霆选编：《园综》，上海：同济大学出版社，2004年

30. 赵厚均、杨鉴生编注：《中国历代园林图文精选（第三辑）》，上海：同济大学出版社，2005年

31. 王丽方：《园境：明代五十佳境》，上海：上海三联书店，2023年

32. 陈从周、刘天华：《中国园林鉴赏辞典》，上海：华东师范大学出版社，2024年

图书在版编目（CIP）数据

园境.明代十一佳园 / 王丽方著.— 上海：上海三联书店，2025.1

ISBN 978-7-5426-8432-5

I. ①园… II. ①王… III. ①古典园林 – 园林艺术 – 文化研究 – 中国 – 明代 Ⅳ. ① TU986.62

中国国家版本馆 CIP 数据核字（2024）第062473号

园境：明代十一佳园

著　　者 / 工丽方

责任编辑 / 王　建　樊　钰

特约编辑 / 李志卿　齐英豪

装帧设计 / 微言视觉 | 沈　慢

监　　制 / 姚　军

责任校对 / 齐英豪

出版发行 / 上海三联书店

（200041）中国上海市静安区威海路755号30楼

邮　　箱 / sdxsanlian@sina.com

联系电话 / 编辑部：021-22895517

发行部：021-22895559

印　　刷 / 运河（唐山）印务有限公司

版　　次 / 2025年1月第1版

印　　次 / 2025年1月第1次印刷

开　　本 / 710×1000　1/16

字　　数 / 254千字

印　　张 / 22.75

书　　号 / ISBN　978-7-5426-8432-5 / TU・62

定　　价 / 118.00 元